品悟成功书系◎钻石珍藏版◎高 英编著

苦想没盼头
苦干有奔头

中国长安出版社

图书在版编目（CIP）数据

苦想没盼头　苦干有奔头／高英编著. —北京：中国长安出版社，2013.4

ISBN 978-7-5107-0597-7

Ⅰ.①苦…　Ⅱ.①高…　Ⅲ.①成功心理－通俗读物

Ⅳ.①B848.4-49

中国版本图书馆 CIP 数据核字（2013）第 081817 号

苦想没盼头　苦干有奔头

高英　编著

出版：中国长安出版社

社址：北京市东城区北池子大街 14 号（100006）

网址：http：//www. ccapress. com

邮箱：capress@ 163. com

发行：中国长安出版社　　全国新华书店经销

电话：010-85099947 85099948

印刷：北京欣睿虹彩印刷有限公司

开本：1/16

印张：16.5

字数：250 千字

版本：2013 年 9 月第 1 版　　2013 年 9 月第 1 次印刷

书号：ISBN 978-7-5107-0597-7

定价：32.00 元

前言

可以这样说，成功是每一个正常人的渴望。不知你是否有这样的困惑：你或许正在为成功想一些办法，正在为自己的前途做这样那样的设想，尽管你为此付出了很多，可遗憾的是，你依然看不到人生的希望。那么，究竟是什么造成了如此的人生困境呢？

曾经，有一个落魄的年轻人每隔两天就要到教堂祈祷，而且他的祷告词几乎每次都相同。

第一次他到教堂时，跪在坛前，虔诚地低语："上帝啊，请念在我多年来敬畏您的份上，让我中一次彩票大奖吧！阿门。"

几天后，他又垂头丧气地来到教堂，同样跪着祈祷："上帝啊，求您让我中一次彩票大奖吧！我愿意更谦卑地来服侍您，阿门。"

又过了几天，他再次出现在教堂，同样重复他的祈祷。如此周而复始，不间断地祈求着。

到了最后一次，他跪着："我的上帝，为何您不垂听我的祈求？让我中彩票大奖吧！只要一次，让我解决所有困难，我愿终身侍奉您……"

就在这时，圣坛上空传来一阵宏伟庄严的声音："我一直垂听你的祷告。可是，老兄，你最起码也该先去买一张彩票吧?!"

朋友，你想中奖吗？那一定要先买彩票；你希望自己能在某一方面有所成就吗？那么赶快行动起来吧！因为凡是停留在想像中，只会是一事无成。

比尔·盖茨说过："要当一个亿万富翁，必须积极地努力，积极地奋斗。富豪从来不拖延，也不会等到有朝一日再去行动，而是今天就动手去干。他们忙忙碌碌尽其所能干了一天之后，第二天又接着去干，不断地努力，直到成功。”在盖茨看来，成功的关键不是自己想怎么样，而是要付出实际行动。

综观生活中那些取得了成功的人，无一不是付出了汗水。

“吃的苦中苦，方知甜中甜。”一个人要想有所作为，就必须具备能吃苦的精神。正如孟子说：“天降大任于斯人也，必先苦其心志，劳其筋骨，饿其体肤。”

“欢乐与痛苦相伴，艰辛与甜美共生。”今天的苦涩和艰辛就是明天的辉煌。世人只能在苦斗中实现自己的人生价值，这种甜前之苦包含勇敢，包含智慧，包含进取中的奉献精神。它能苦出“横扫千军如卷席”的强者气魄；苦出“纵死犹如侠骨香”的英雄本色；苦出“风景这边独好”的美好未来。

《苦想没盼头　苦干有奔头》作为一本心灵励志书，将会让我们明白：成功的钥匙是掌握在那些肯苦干、愿苦干的人的手中；任何成功的事业都不可能唾手可得，更不是靠想象获得，而是必须要付出汗水和泪水。

朋友，如果你还在为如何成功做这样那样的设想，那么我要告诉你，这不是你成功的关键，唯有马上行动——苦干才是成功的保证。

目录

第一章　只会苦想没有希望，实干才能实现理想

这个世界不乏一些拥有宏图大志的人，他们有理想、有目标，心中有着一幅宏伟的蓝图，但是他们缺少的就是切实的行动，因而一切都是空谈。在他们那里，所谓的“理想”就像水中月、镜中花一样虚无缥缈，永远无法实现。所以，很多时候，成功与否，不在于怎么想，而在于有没有做。

第二章　今天的吃苦，就是为了明天的精彩

不一定非得有一技之长的人生才会有光明，认真做事往往能给你带来命运的改变；不一定非得做轻松而体面的工作，人生才有前途，脚踏实地地做事就会给你带来成功。

苦想没盼头，苦干有奔头。决定一个人的人生成败，就是看他是不是有苦干精神。

第三章　把当下的事做好，脚踏实地最重要

一粒种子，如果不在坚硬的泥土中挣扎一番，它永远只是一粒干瘪的种子，不能发芽长成一株大树。一个人事业的起点，往往从零开始，苦干是人生从零走向成功的敲门砖，所以，不论你有多大的才华，要是不懂得从基础做起、一步一步地朝着目标前进，其人生很难有什么转机。

第四章　天上不会掉馅饼，收获源自辛勤劳作

古人有云：勤劳是最大的美德。勤能补拙是良训，一分辛苦一分才。的确如此：成功和辛勤的劳动是成正比的，有一分劳动就有一分收获。一个人只有日积月累，从少到多，最后才能够创造出不凡的成就来。

第五章 别把“心动”当行动，想得好不如干得好

“千里之行，始于足下。”风景在远方，一个人如果只知道憧憬，而不肯迈出第一步，那他就永远无法身临其境，真正地体会风景的迷人之处。

切记：徘徊和等待，留给人生的只能是悔恨和遗憾。路就在脚下，从现在开始，迈出你宝贵的第一步吧！

第六章　将计划执行到底，善始善终才会成功

生活中，很多人做事都是虎头蛇尾，他们虽有很好的开头，但因为怕苦怕累，往往不能按照计划去做事情，这是造就一个平庸者的根源。而对于那些持之以恒的人来说，事情的成功往往是因为坚持。因此，你要想成功，就一定要懂得坚持，即使再苦再累，也要将计划执行到底。

第七章　敢和苦难较量，幸福是熬出来的

俗话说：“自古磨难出英雄，从来纨绔少伟男。”其意思是说，从古至今英雄人物总是要经历磨难才能成就大业，而娇生惯养之辈总是缺少气概难以成就伟业。所以，一个人要想获取成功，在磨难面前就一定要多一份坚强，多一份忍耐。

第八章 别把蛮干当苦干，苦干还要加巧干

有些人认为，苦干就是做事从不考虑方法和后果，单刀直入、横冲直撞……他们身上除了敢做的勇气之外，再没有哪一点可以值得称道。其实，这并不叫苦干，而是在蛮干。所以提示一下，想成功，除了苦干，也要懂得巧干。

第一章

只会苦想没有希望，实干才能实现理想

这个世界不乏一些拥有宏图大志的人，他们有理想、有目标，心中有着一幅宏伟的蓝图，但是他们缺少的就是切实的行动，因而一切都是空谈。在他们那里，所谓的“理想”就像水中月、镜中花一样虚无缥缈，永远无法实现。所以，很多时候，成功与否，不在于怎么想，而在于有没有做。

沉浸在“白日梦”中会一无所得

如果把自己定位在很高点，然后沉浸在这个自己设定的美梦中不能自拔，注定会一事无成。再美的梦最终也会醒来的，沉醉于白日梦只会让你与现实脱节，因此把空想化为行动吧！人生路上我们不仅需要幻想的翅膀，同样需要苦干！

李菲身材修长，相貌清秀，她最大的梦想是能成为一名模特，在T形台上闯出属于自己的一份天地。然而不知为什么她竟然接连两次落选，这使她受到了很大打击。于是，她不再去找工作，只窝在家里看那些超级名模的“走秀”录像带。渐渐的，她开始陷入只属于她自己的世界里：看着屏幕上窈窕的身影，她想象着自己就是她们中的一个，穿着美丽的衣服，在各大都市中穿梭，迎接她的是鲜花和人们爱慕的眼神……一段时间，在上海工作的哥哥，帮她找到了一个做平面模特的工作，大家都以为她会很高兴，但她却冷淡地拒绝了，她认为自己一定会成为一个超级的名模。就这样，她每天窝在家中，编织着美丽的梦——一场注定无法实现的美梦。

如果这个故事中的女孩，不是养成了做“白日梦”的习惯的话，那么凭借自身条件从平面模特做起也是大有可为的。弗洛伊德认为，“白日梦”是因为在现实生活中，人的某种欲望得不到满足，所以才在一系列虚无的幻想中寻找心理平衡。做“白日梦”的习惯会给人们带来相当大的危害，所以人必须及早苦干，不要被“白日梦”毁了一生。

一年夏天，一个纯朴的乡下小伙子登门拜访年事已高的爱默生。小伙子是一个诗歌爱好者，因仰慕爱默生的大名，故千里迢迢前来寻求文学上的指导。

这位青年诗人虽然出身贫寒，但谈吐优雅，气度不凡。老少两位诗人谈得非常融洽，爱默生对他非常欣赏。

临走时，青年诗人留下了薄薄的几页诗稿。

爱默生读了这几页诗稿后，认定这位乡下小伙子在文学上将会前途无量，决定凭借自己在文学界的影响大力提携他。

爱默生将那些诗稿推荐给文学刊物发表，但反响不大。他希望这位青年诗人继续将自己的作品寄给他。于是，老少两位诗人开始了频繁的书信来往。

青年诗人的信写得长达几页，大谈特谈文学问题，激情洋溢，才思敏捷，表明他的确是个天才诗人。爱默生对他的才华大为赞赏，在与友人的交谈中经常提起这位诗人。青年诗人很快就在文坛有了一点小小的名气。

但是，这位青年诗人以后再也没有给爱默生寄诗稿来，信却越写越长，奇思异想层出不穷，言语中开始以著名诗人自居，语气越来越傲慢。

爱默生开始感到了不安。凭着对人性的深刻洞察，他发现这位年青人身上出现了一种危险的倾向。

通信一直在继续。爱默生的态度逐渐变得冷淡，成了一个倾听者。

很快，秋天到了。

爱默生去信邀请这位青年诗人前来参加一个文学聚会。他如期而至。

在这位老作家的书房里，两人有一番对话：

“后来为什么不给我寄稿子了？”

“我在写一部长篇史诗。”

“你的抒情诗写得很出色，为什么要中断呢?”

“要成为一个大诗人就必须写长篇史诗，小打小闹是毫无意义的。”

“你认为你以前的那些作品都是小打小闹吗?”

“是的，我是个大诗人，我必须写大作品。”

“也许你是对的。你是个很有才华的人，我希望能尽早读到你的大作品。”

“谢谢，我已经完成了一部，很快就会公诸于世。”

文学聚会上，这位被爱默生所欣赏的青年诗人大出风头。他逢人便谈他的伟大作品，虽然谁也没有拜读过他的大作品。即便是他那几首由爱默生推荐发表的小诗也很少有人拜读过。但几乎每个人都认为这位年轻人必将成大器。否则，大作家爱默生能如此欣赏他吗?

转眼间，冬天到了。

青年诗人继续给爱默生写信，但从不提起他的大作品。信越写越短，语气也越来越沮丧，直到有一天，他终于在信中承认，长时间以来他什么都没写。以前所谓的大作品根本就是子虚乌有之事，完全是他的空想。

他在信中写道：“很久以来我就渴望成为一个大作家，周围所有的人都认为我是个有才华有前途的人，我自己也这么认为。我曾经写过一些诗，并有幸获得了阁下您的赞赏，我深感荣幸。但使我深感苦恼的是，自此以后，我再也写不出任何东西了。在现实中，我对自己深感鄙弃，因为我浪费了自己的才华，再也写不出作品了。而在想象中，我是个大诗人，我已经写出了传世之作，已经登上了诗歌的王位。尊贵的阁下，请您原谅我这个狂妄无知的乡下小子……”

从此后，爱默生再也没有收到这位青年诗人的来信。

“白日梦”给人带来的最大的副作用就是，逃避现实、不思进取。比如故事中的这位青年诗人，当他养成做“白日梦”的习惯后，他根本就没有考虑过如何通过苦干才能实现自身的社会价值。他一心只梦想着成功后的那份辉煌。事实上，当他陷入难以自拔的“白日梦”的泥潭之中时，他原有的才华就已经丧失殆尽了，结果他只能成为一名庸人。

品悟人生

现实确实没有想象来得让人满意，但它却是实实在在的，是你可以触摸得到的东西。如果你总是习惯于做“白日梦”，那么到最后你会一无所得。

成功需要思考，更需要苦干

思考的本职工作就是帮助我们思考一个问题“我该做什么”，这确实是一个即平常且又十分深刻的问题。在这以前，我们思考的问题很浅很浅，甚至让我们在最后到达了一种误区。让自己感觉做的事情差不多了，只要看着能过得去，就那样交差了事。凡事不愿去苦干，工作得过且过，做一日和尚撞一日钟，从不想去精益求精。

要想获得真正的成功，苦干比策略更重要，所以一个人就必须按照拟订的职业生涯策略，一步步地实施，并在实施过程中，需要根据外界环境的变化，不断地调整策略，直到最后适应环境，向着既定的目标，一步一步地向前去。

保险是一个竞争十分剧烈的行业，而这位顶尖的保险大师，却创下了连续5年保持同行业销售第一的纪录。当他60岁退休的时候，有一个机构邀请他去演讲，消息一发布，很多人都想聆听这位保险销售大师的演讲，想知道他成功的秘诀。票价虽然很昂贵，但还是一票难求。

在那天，来了很多对他怀着敬佩之情且充满渴望的听众，主持人宣布用最热烈的掌声欢迎保险大师出场演讲。这位充满传奇色彩的顶尖成功人士就这样出现在舞台的中央，然后向他的后面做了一个手势，紧接着就看到有四个彪形大汉合力扛过来一口大钟。这时，他一句话也没有说，只是站在那里然后再用一个食指对着这口大钟撞去。一开始大家都非常的好奇，全场寂静，想必大师是在为我们做一个游戏吧，应当会给我们带来一个惊奇。但是大家已经在那里等了一刻钟的时间，大师还是一言不发，而且也没有给出任何别的暗示，还是在那里反复的用一个指头不停的撞击大钟。

眼看时间已经过去半个小时了，大师还是一言不发，听众对此感到很疑惑了，一个小时过去了，这时大师还是一如开始地默不作声，只是在那里专注于重复着那个动作，这个时候人群开始骚动了，在听众等了一个半小时以后人们忍耐不住了，对他的这种举动极为不满，台下的听众指责他："为何不告诉我们你的成功秘诀呢？我们来的目的就是要获得有价值的建议，你怎么能够一言不发，是否有问题呢？为何戏弄我们呢？"台下的听众显然有些气愤的责怪他，也就在这个时候，这位保险大师用以撞钟的那根食指开始流血了，但是他还是旁若无人地专注于用他那根流着血的指头不停的撞击大钟，一次又一次的反复。两个小时过去了，他还是在那里一次又一次的反复撞击那个钟，有很多的观众都觉得这实在没什么意思，完全不耐烦了，感觉自己受骗了，所以就退了场。三个小时以后，这位保险大师还在用他那根流满血的手指在撞击着那口大钟，这时，奇迹出现了，钟突然被撞动了。就在他这样经过近万次的撞击，他终于用自己流着血的那个食指把洪钟超乎常人所想象的撞动了。就在这时，那些留下来没有走或是刚要起身走的那些人站起来，给了这位大师最热烈、最持久的掌声。

他并没有用语言告诉我们成功的秘诀到底是什么，但他用自己的行动说出了自己成功的秘诀之所在——苦干，给人的震撼犹如那晃动的钟一样久久萦绕在人们的心中。

品悟人生

人除了思考，还应当实践，如果只思考而不实践，那么就相当于这句话：思想是枪，行动是弹，如果只思考而不苦干，就等于把手枪当作榔头用，作用甚微，甚至起不到任何作用。

旁观者永远跑不到比赛的终点

有一句流传甚广的格言："罗马不是一天建成的。"这句话和东方的"千里之行始于足下"表达的是同样的意思。我们也可以这样理解这句话，即使是最优秀的选手，如果只是以旁观者的姿态来观战，那么他的名字永远爬不到比赛的记分板上。

成功的人大都是苦干的高手。当其他人在原地踏步时，他们早已顺着机会的奋勇前行"两岸猿声啼不住，轻舟已过万重山"，建立自己的事业王国。但他们的成功既源于这种正确的策划，更在于策划之后的苦干。

犹太人哈同，1872 年来到中国上海谋生，当时他 24 岁，年轻力壮，但身上除了穿着外，几乎一无所有。他立志来中国赚钱发财，但自己一无资本，二无专业知识和技术。他决心从一个立足点开始，因自己长得身体魁梧，他在一家洋行找到一份看门工作。这在别人是不愿干的，一个相貌堂堂，年轻高大的人，却屈于当站门雇员，而哈同却不那么想，他认为看门赚来的钱是一种报酬，没有丢脸和失身份的感觉。另外，他更有深层次的考虑，"千里之行始于足下"，在这份工作上找到个立足支点，今后通过自己的苦干，积蓄力量，最后终能找到赚更多的钱的"路子"。

哈同在当看门工时，非常认真，忠于职守。晚间，他利用一切可用时间阅读各种经济和财务的书籍，知识增进很快。老板觉得此人工作出色，脑子机灵，把他调到业务部门当办事员。哈同一如既往，工作业绩不错，逐步被提升为行务员、大班等。此时，他的收入增加了。早怀壮志的他，并没有因此而知足。他认为自己创业时机到了，1901 年，他找理由离开了打工岗位，自己开始独自经营商行。

哈同自办的商行取名为"哈同洋行"，为了赚取更多的钱，以经营洋货买卖为主。他看到洋货在中国市场上相对比的竞争品不那么多，消费者难以“货比三家”，因此，他的经营获得了高额的利润，而市场神不知鬼不觉地扩大了。

几年间，他赚了许多钱。随着资本的增多，哈同没有放缓自己追求的脚步，开始买卖土地和放高利贷业务。他买入的土地往往从一些急于等钱用的人那里获得，所以他把价钱压得很低，卖主不得不就范。接着，他将低价买入的土地租给别人造屋，到一定年限后收回，这样连房产也归他所有了。另外，他自己也投资建造楼房供出租，从中获取惊人的利润。就这样，他成为了大富豪。

犹太巨商大多是白手起家，刚刚从业时一般多从事最底层的工作。他们的一大共性就是都能将平凡的工作干得出色。

“别想一下就造出大海，必须先由小河川开始。”反观某些人，不屑于做细事只想做大事，结果不仅缺乏根基，而且信心屡屡受挫。

一个人如果想成就自己的梦想，计划措施、缜密策划等等，固不可少，可是只有把在脑子的影像用苦干展现出来的时候，他才可能“笑傲江湖”。记住一句话：旁观者的姓名永远爬不到比赛的计分板上。

品悟人生

成功的人大都是苦干的高手。当其他人在原地踏步时，他们早已顺着机会的奋勇前行“两岸猿声啼不住，轻舟已过万重山”，建立自己的事业王国。

只有苦干才能把理想变为现实

人们常说“决定是银，苦干是金。”因此，只有行动，理想才能够变为现实；只有苦干，才能让自己一步一步迫近成功；只有苦干，才会有结果。而苦干的重要性可以说是人皆共知的，只要你认真回想和总结自己的一生，那么你就会发现，你的所有成功、所有收获，哪怕是最小最细微的，都是苦干的结果。

但是在我们把目光扫向人群的时候，你就会发现这样一个事实，在人群中对于不同的人来说，他们对苦干会有不同的理解，不同的人会有不同的苦干。有的人苦干是在迫不得已时，才跨出一步半步；有的人则以积极的姿态时时刻刻苦干。同样都是行动，但是出现了两种不同的苦干态度、苦干方式，所以在最后产生的苦干结果也是截然不同的，这样也就形成了反差很大的两种人生。

有兄弟两人决定每人办一个制衣厂，而那位兄长做出决定后，就起早贪黑忙了起来，买来了缝纫机，请来了师傅，采购了布料，不出半个月的时间，他的产品就打向了市场；而他的弟弟则贪图享乐，因为他想让兄长先做，然后自己坐享其成。

万事开头难，这位兄长在刚刚开始的时候，办的制衣厂并不顺利，产品销路也不很畅通。弟弟暗自庆幸自己明智。然而，经过半年多的苦干，兄长的制衣厂生意日渐兴隆。这时，他的弟弟则在那里后悔不迭。经过他的再三考虑，他最终还是办起了制衣厂。但在这个时候已经有些晚了，先机已失，他那里也没有自己的客户，所以他也只能为兄长的工厂做一些简单的加工活。

上面所举出的这个事例，是一个极其平凡的成功事例，这则事例与世界上那些无数的成就大事业的成功人士相比，简单的可以说不足挂齿。然而，我们所以以此为例，就是让所有的人明白、让所有的人看到，成功者离我们并不是那么遥远，苦干让成功紧靠在我们的周围。它或许就是你的朋友，就是你的同学，就是你的兄弟，就是你的邻居；果真如此，那么你不妨去看看、去听听、去拜访拜访，看他们每天都在想什么、做什么，去深入了解一下，看看他们是不是一些苦干的人。

能力是需要的，但苦干更为重要。笨鸟只要先飞，也能到达成功的彼岸。只思考不行动，则会原地踏步，到头来时光消逝，一事无成，如果你是一个苦干的人，那么你的生活一定会过得很充实而丰富。

品悟人生

在人生的大海里畅游，练得一副好身手，最终能取得好结果，就是因为苦干了。

不要只去想，要大胆地去尝试

在给自己定好位以后，你可能有很多美妙的构想、详尽的计划，但如果你不去尝试，不敢行动，那么它们就毫无意义。只有大胆尝试，才能把梦想化为现实。

美国探险家约翰·戈达德说："凡是我能够做的，我都想尝试。"在约翰·戈达德15岁的时候，他就把他这一辈子想干的大事列了一个表。他把那张表题名为"一生的志愿"。表上列着："到尼罗河、亚马逊河和刚果河探险；登上珠穆朗玛峰、乞力马扎罗山和麦特荷恩山；驾驭大象、骆驼、鸵鸟和野马；探访马可·波罗和亚历山大一世走过的道路；主演一部'人猿泰山'那样的电影；驾驶飞行器起飞降落；读完莎士比亚、柏拉图和亚里士多德的著作；谱一部乐曲；写一本书；游览全世界的每一个国家；结婚生孩子；参观月球……"每一项都编了号，一共有127个目标。

当戈达德把梦想庄严地写在纸上之后，他就开始抓紧一切时间来实现它们。

16岁那年，他和父亲到了乔治亚州的奥克费诺基大沼泽和佛罗里达州的埃弗格莱兹去探险。这是他首次完成了表上的一个项目，他还学会了只戴面罩不穿潜水服到深水潜游，学会了开拖拉机，并且买了一匹马。

20岁时，他已经在加勒比海、爱琴海和红海里潜过水了。他还成为一名空军驾驶员，在欧洲上空做过33次战斗飞行。

21岁时，已经到21个国家旅行过。

22 岁刚满，他就在危地马拉的丛林深处，发现了一座玛雅文化的古庙。同一年，他就成为“洛杉矶探险家俱乐部”有史以来最年轻的成员。接着，他就筹备实现自己宏伟壮志的头号目标——探索尼罗河。

戈达德 26 岁那年，他和另外两名探险伙伴，来到布隆迪山脉的尼罗河之源。三个人乘坐一只仅有 60 磅重的小皮艇，开始穿越 4000 英里的长河。他们遭到过河马的攻击，遇到过迷眼的沙暴和长达数英里的激流险滩，闹过几次疟疾，还受到过河上持枪匪徒的追击。出发十个月之后，这三位“尼罗河人”胜利地从尼罗河口划入了蔚蓝色的地中海。

紧接着尼罗河探险之后，戈达德开始接连不断地实现他的目标：1954 年他乘筏漂流了整个科罗拉多河；1956 年探查了长达 2700 英里的全部刚果河；他在南美的荒原、婆罗洲和新几内亚与那些食人生番、割取敌人头颅作为战利品的人一起生活过；他爬上阿拉拉特峰和乞力马扎罗山；他驾驶超音速两倍的喷气式战斗机飞行；他写成了一本书《乘皮艇下尼罗河》；他结了婚，并生了五个孩子。开始担任专职人类学者之后，他又萌发了拍电影和当演说家的念头。在以后的几年里，他通过讲演和拍片，为他下一步的探险筹措了资金。

将近 60 岁时，戈达德依然显得年轻、英俊，他不仅是一个经历过无数次探险和远征的老手，还是电影制片人、作者和演说家。戈达德已经完成了 127 个目标中的 106 个。他获得了一个探险家所能享有的荣誉，其中包括，成为英国皇家地理协会会员和纽约探险家俱乐部的成员。他说：“……我非常想作出一番事业来。我对一切都极有兴趣：旅行、医学、音乐、文学……我都想干，还想去鼓励别人。我制定了那张奋斗的蓝图，心中有了目标，我就会感到时刻都有事做。我也知道，周围的人往往墨守成规，他们从不敢冒险，从不敢在任何一个方面向自己挑战。我决心不走这条老路。”

戈达德在实现自己目标的征途中，有过 18 次死里逃生的经历。“这些经历教我学会了百倍地珍惜生活，凡是我能做的，我都想尝试，”他说，“人们往往活了一辈子，却从未表现出巨大的勇气、力量和耐力。但是，我发现，当你想到自己反正要完了的时候，你会突然产生惊人的力量和控制力，而过去你做梦也没想到过，自己体内竟蕴藏着这样巨大的能力。当你这样经历过之后，你会觉得自己的灵魂都升华到另一个境界之中了。《一生的志愿》是我在年纪很轻的时候立下的，它反映了一个少年人的志趣，其中当然有些事情我不再想做了，像攀登珠穆朗玛峰或当‘人猿泰山’那样的影星。制定奋斗目标往往是这样，有些事可能力不从心，不能完成，但这并不意味着必须放弃全部的追求。”

品悟人生

检查一下你的生活并向自己提出这样一个问题是："假如我只能再活一年，那我准备做些什么？"我们都有想要实现的愿望，那就别延宕，从现在就开始做起！

不要只问收获而不去耕耘

很多人之所以养成了犹豫的心态，就是因为他们总在行动之前为自己设置思想上的障碍，结果就只好在定位起点上犹豫徘徊。

李强是个很有理想的年轻人，但他到了36岁却还没有什么作为。这是因为他有一个坏习惯：在行动之前总是想得太多。三年前他曾经想开一家高档洗衣店，朋友们很支持他的想法，鼓励他赶快行动。但李强的“老毛病”又发作了，他开始犯起了嘀咕：如果客人太挑剔怎么办？我只买得起国产的干洗机，虽然市场调查显示，很多人都有这个消费能力，可万一我真开了店，没有客人怎么办……李强琢磨了好久，朋友急了催他，他嘴里说着，过两天就去选店面，但却迟迟不行动，时间久了，开店计划也就不了了之了。三年中，城里陆续开了很多干洗店，生意都很红火，李强又痛又悔。朋友劝他现在开店也来得及，但李强又开始为自己开店能否有竞争力而烦恼了起来。

李强的干洗店，恐怕永远也开不起来，因为他习惯于为了假设性的问题烦恼，还没行动就开始后退了。

阿三和阿四是一对好朋友，因为闯了祸，两人只好趁着黑夜，逃离居住的地方。跑了一个晚上后，就在天快亮时，他们决定找个地方休息一下。

阿三气喘吁吁地说：“找个地方休息一下吧！我们已经离开城镇很远了，我想他们不会追来了！”

阿四也点头表示：“好！”

于是，他们来到一棵大树下休息乘凉。

只见他们躺在树下，放松了心情，闲聊起来。

阿三忽然想到一个问题，便问阿四：“如果我在路上捡到了一笔钱，你觉得我要怎么处理？”

阿四听到阿三的“白日梦”，精神忽然一振，开心地说：“如果捡到一大笔钱，那当然是你一半，我一半啦！”

阿三一听，急着说：“你想得美！谁捡到了钱，就是谁的，如果是我捡到的话，凭什么要分一半给你？”

阿四一听，气愤地说：“你这个人可真不够义气，我们一起逃亡，一起赶路，你捡到了钱，我也在你身边，我也看见了，你凭什么独吞？你真是个贪财鬼，一点也不够朋友，真是禽兽不如！”

听到阿四这么激动的怒骂，阿三也火了，他生气地吼着：“你这是什么话！什么叫禽兽不如？你再说一遍！”

阿四一点也不示弱，他挑衅地说：“说就说啊！谁怕你啊！我说，你真是个禽兽不如的家伙！”

阿四一说完，阿三气得挥了一个拳头过来，这一挥拳，两个人就这么扭打了起来。这时，有个人走了过来，连忙上前劝阻说：“喂，你们别这样，有什么事不能说开呢？别打了，说来听听！”

阿四立即不平地说：“我们原本是好朋友，但是这家伙捡到了一笔钱居然不愿分给我，想要自己独吞！”

阿三一听，立即辩驳：“是我捡到的，当然是我的啊！我想给谁就给谁，我不想给就不……”

阿三话还没说完，火气甚旺的阿四立刻挥了一拳过来，还怒气冲冲地说：“还说不愿意，我就让你尝尝我的大拳头！”

路人看他们打得不可开交，转念一想，开口问：“你们先别急，让我帮你们调解。你们捡的钱在哪里？一共多少钱？”

这一问，两个人还真的停止扭打了！

他们顿时都呆住了，还异口同声地说：“咦？还没捡到啊！”

路人这会儿瞪大了眼，摇了摇头说：“连个影子都没有，那么你们两个干嘛吵成这样？”

这下子两个人可呆住了，他们看着彼此的青鼻肿脸，尴尬地苦笑着。

生活中，我们是否也曾做过这两个愚人所做的事呢？为了一些假设性问题浪费精力，这也是许多人的坏习惯。行动都还没开始，便不断地给自己设置诸多想象出来的阻碍，使得计划表上的进度，永远停滞在起点。想一想，他们是心底害怕，还是多虑了？还没捡到钱，就为分的问题而大打出手，是不是太可笑了？

品悟人生

一个人如果总是习惯于行动之前在思想上给自己设置障碍，那他将永远停留在起点上。其实我们只要做好定位，用心地去苦干就可以了，因为，你的努力一定会得到丰厚的报偿。

从不切实际的幻想中醒来

一个有理想的蚂蚁，是把自己变成最优秀的蚂蚁；一个有理想的狮子，是把自己变成最优秀的狮子。但是蚂蚁想变成狮子，那便是“白日做梦”痴心妄想了。一旦一个人的理想和目标是不切实际的，那即使再如何追求理想的实现，都是痴心妄想，最终是两手空空。

有一家子，有两个女儿，大女儿冷静聪慧，小女儿活泼伶俐。这年夏天，父母亲带着两个女儿来到海边度假。

刚刚住下，小女儿便吵着要去海边玩，母亲便拉着两个女儿一同前往。小女儿飞快地跑向海边，伸开双臂，深吸了一口迎面吹来的海风，内心的激动已经压抑不住。她光着脚丫触触海水，挽起衣袖，垒起沙堡，不过这些都不好玩，她又开始捡拾贝壳。

母亲丝毫不敢懈怠，担心小女儿调皮，于是让大女儿陪着小女儿捡拾贝壳。

海边的贝壳琳琅满目，数不胜数。小女儿东挑挑，西看看，总是兴奋地拿起一个，然后丢掉手里原本的那个。这个嫌不够美，那个又嫌不够俏，各式各样、五彩缤纷的贝壳呈现在她的面前。

海潮又献上了一片贝壳，她瞟了一眼，又没什么中意的。她翻起潮湿的泥沙，寻找着地下所埋藏的“宝藏”。突然，一只小螃蟹从海滩的洞中爬了出来，不友好地对着她的手指头来了一钳，她大叫了一声，紧捂着受伤的手扑入母亲的怀中。

母亲牵着她，带着大女儿回到了住处。小女儿看着大姐满载而归的笑脸，再想想自己两手空空，看着隐约传来痛楚的伤口，心里十分难过，忍不住哭了起来。

小女儿的哭声惊动了母亲。母亲便进屋来安慰她。母亲轻抚着她的额头，轻声安慰道：“是不是因为看见姐姐满载而归、自己却一无所获而感到伤心?”

小女儿揉着微肿的双眼，点了点头。母亲又说：“知道为什么吗?”女儿又摇了摇头。

母亲语重心长地说：“你太心浮气躁了。你们两人去沙滩捡贝壳，姐姐满载而归，而你却一无所获，因为姐姐不会像珠宝商鉴定珠宝那样用挑剔的眼光审视每颗她所看见的贝壳。她看见美丽的，可爱的，就会拾起来纳为己有。她不会只盯着一种或几种贝壳，各式各样的都多多少少地捡一些。她的目标是实实在在的。而你两手空空，寻觅许久却一无所得，因为你总想找一颗你心目中最美丽、最稀罕的贝壳，这种不切实际的幻想最后只能化为‘没有’、‘茫然’。”

爱默生曾经告诫过我们："把你的人生之车系在遥远的星辰上。"这并非指一个人的目标越远越好，而是说人生的目标应当像星辰一样，永远那样清晰闪亮，闪耀在头顶的上空。追求如大海行船，受灯塔指引，就能顺利到达目的地，若是被海市蜃楼所迷惑，则会迷失航向，不知所终。所以，切莫好高骛远，应该珍惜我们周围的事物，从我们的身边开始追求成功的契机。

老子曰："合抱之木，生于毫末；九层之台，起于累土；千里之行，始于足下。"荀况《劝学篇》里说："故不积跬步，无以至千里，不积小流，无以成江海。"一切远大的志向都是从基础开始的，一切目标都应是经过考虑、切合实际的。

有一位年轻人，在一家石油公司里谋到一份工作，任务是检查石油罐盖焊接好没有。这是公司里最简单枯燥的工作，凡是有出息的人都不愿意干这件事。这位年轻人也觉得，天天检查一个个铁盖太没有意思了。他找到主管，要求调换工作。可是主管说："不行，别的工作你干不好。"

年轻人只好回到焊接机旁，继续检查那些油罐盖上的焊接圈。既然好工作轮不到自己，那就先把这份枯燥无味的工作做好吧！

从此，年轻人静下心来，仔细观察石油罐盖焊接的全过程。他发现，焊接好一个石油罐盖，共用 39 滴焊接剂。

为什么一定要用 39 滴呢？少用一滴行不行？在这位年轻人以前，已经有许多人干过这份工作，从来没有人想过这个问题。这个年轻人不但想到了，而且认真测算试验。结果发现，焊接好一个石油罐盖，只需 38 滴焊接剂就足够了。年轻人在最没有机会施展才华的工作上，找到了用武之地。他非常兴奋，立刻为节省一滴焊接剂而开始努力工作。

原有的自动焊接机，是为每个罐盖消耗 39 滴焊接剂专门设计的，用旧的焊接机，无法实现每个罐盖减少一滴焊接剂的目标。年轻人决定另起炉灶，研制新的焊接机。经过无数次试验，他终于研制成功了"38 滴型"焊接机。使用这种新型焊接机，每焊接一个罐盖可节省一滴焊接剂。积少成多，一年下来，这位年轻人竟为公司节省开支5万美元。

一个每年能创造5万美元价值的人，谁还敢小瞧他呢？由此，年轻人迈开了成功的第一步。

许多年后，他成了世界石油大王——洛克菲勒。

洛克菲勒羡慕“天边的彩霞”，但更注重“脚下的玫瑰”，所以他成功了。列宁也曾告诫我们：人要成就一件大事，就得从小事做起。

在我们的周围，存在着许多沾染有好高骛远坏习惯的人。有的人大学一毕业就希望能获得高薪，对找到的工作不甚满意，总是不断“跳槽”，而不愿去考虑如何做好眼前的工作；有的人希望能成为一位知名的成功者，却又不愿意付出努力，只是每天幻想能有“天赐良机”出现在他面前；有的人总是不断地制订计划，在最初设想得十分完美，但是当真正行动起来时，才发现原来目标太大，计划只能变成空话；有的人天天梦想着自己能干大事，干一番轰轰烈烈的惊天动地的大事，对于一些常规性的工作不屑一顾，认为做这些工作是委屈了自己，未让自己的才能得到发挥……

这一切事实上都是不切实际地幻想的表现，整日做着不切实际的梦，注定了他们的失败。一屋不扫何以扫天下，拿幻想当理想的人注定一事无成。

人树立的抱负和理想，既要基于现实，又要超越一般标准。太难和太容易的奋斗目标，都不会激发人们去实施的热情。而对自身具有一定挑战性，同时又能使自己相信能够完成的目标，才是最完美的理想。

品悟人生

每个人都有做梦的权力，关键在于，你不能执著于“白日梦”，一个人的梦想再伟大，也终归要回到现实。

不要做思想的巨人、行动的侏儒

有一名18岁的高中学生，她在高中的时候去看了一部电影，那部电影描述的是法国巴黎铁塔。她对这部电影印象深刻，她就给自己许了一个承诺，等她毕业的时候她一定要去巴黎铁塔参观。结果高中毕业她忙着考学，没有时间去实现这个承诺。大学很快就过去了，但是她的梦想还没有实现。当大学毕业以后，她急于找一份安定的工作，当她找到工作的时候，她又说等她工作稳定的时候她一定要去巴黎。而在她工作稳定的时候她又开始恋爱了。谈了恋爱她又跟自己做了一个许诺，等她结婚时一定要去一趟巴黎。结果结婚以后就是家里的柴米油酱醋茶，接着她怀孕了。她又想等她生了小孩她再去巴黎。但是生了小孩后，她目标也转移了，开始忙着照顾先生，处理家里的事情，照顾小孩，就这样一直拖了下去。

后来，她又给自己做了一个许诺，等孩子长大了，她一定要去巴黎，但是并没有实现，直到有一天，这个女人发现自己已经老态龙钟了，说了一句话，我这一辈子最渴望的就是有一天去巴黎。而这个时候她已经躺在病床上了。

这个故事给我们的启发就是：不要做思想上的巨人，行动上的侏儒。不要光说不做，到头来一事无成。“思想上的巨人，行动上的侏儒”这话意在强调知与行的统一，要求人不仅要追求真理、揭示真理，而且要运用真理，实践真理。

不要做“思想上的巨人，行动上的侏儒”，不要总把理想的业绩高谈阔论，而应该脚踏实地，兢兢业业、勤勤恳恳地做好现在的每一项工作。人往往是在遭受挫折、克服困难的过程中，产生勇气、产生坚毅和高尚的品格，而常常抱怨工作的人，终其一生绝不会有真正的成功。成功的人之所以成功，就是因为他把别人抱怨的时间都用在了努力工作上。事实上所以思想和方法不通过行动的话，一点价值也没有。何谈得上成功？

理想的实现并不是立竿见影，一蹴而就的。实现理想并不意味着把理想停留在口头上，而必须体现在具体的行动上。青年应该努力做理想和行动的综合者，而不做“思想上的巨人，行动上的侏儒。”

从前有一户人家的菜园里有一块大石头，宽度大约有四十公分，高大约有十公分。到菜园的人，不小心就会踢到那一颗大石头，不是跌倒就是擦伤。

儿子问：爸爸，那块讨厌的石头，为什么不把它挖走呢？

爸爸这样回答：你所说的那块石头，喔，从你爷爷时代开始就一直放到现在了，它的体积那么大，不知道要挖到什么时候，没事无聊挖石头，还不如走路小心一些，同时还可以训练你的反应能力。

过了数年，这块大石头留到下一代，当时的儿子娶了媳妇，当了爸爸。

有一天媳妇气愤地说：爸爸，菜园那块大石头，我越看越不顺眼，改天请人搬走好了。

爸爸回答说：算了吧！那块大石头很重的，可以搬走的话在我小时候就搬走了，哪会让它留到现在啊？

媳妇心底非常不是滋味，那块大石头不知道让她跌倒多少次了。

有一天早上，媳妇带着锄头和一桶水，将整桶水倒在大石头的四周。

十几分钟以后，媳妇用锄头把大石头四周的泥土搅松。

媳妇早有心理准备，可能要挖一天吧，谁都没有想到几分钟就把石头挖起来，看看大小，这块石头没有想象的那么大，都是被那个巨大的外表蒙骗了。

这则故事告诉我们，其实事情并不是像我们想象的那样困难，只要我们能够付出真正的行动，那么最终的成功还是有可能的，关键就是在行动上不做侏儒，更不能成为行动上的迟缓者。每一个人的头上都有光环笼罩，美轮美奂的内核之外是坚硬无比的外壳，若要突破这种界限，实现既定目标，必须要打破常规，还要在情理之中。

蓦然回首，“勤于思，敏于行”已成为了时代的一种必然！让自己行动起来也是一种能力，这种能力的增长来源于不断的和借口作斗争。要始终告诫自己：不完善的开始胜过完善的犹豫。先把案头的工作做起来，行动本身就是在创造条件和机会。

品悟人生

其实有些事情并不是像我们想象的那样困难，只要我们能够付出真正的行动，那么最终的成功还是有可能的，关键就是在行动上不做侏儒，更不能成为行动上的迟缓者。

一百个想法，也不如一个行动

只要有想法就要去努力，不管事情有多么难做，但最重要的是行动，所谓一百个想法不如一个行动。

在这个社会大家庭里，才华横溢的人很多，但是碌碌无为的人更多。最主要的原因就在于他们中的大部分人没有勇敢地付出行动和勇敢地去冒险，却总是在想，总是在说，到最后一事无成。

一位伞兵教练曾经说过：“跳伞本身真的让人好难受，只是等待跳伞的一刹那，在跳伞的人各就各位时，我让他们‘尽快’度过这段时间。曾经不止一次，有人因幻想太多可能发生的事而晕倒。如果不能鼓励他跳第二次，他就永远当不成伞兵了，跳的人拖得越久，越害怕，就越没信心。”

等待会折磨人，会让人们变得紧张，美国著名的午间播音员爱德华·慕罗先生，他在面对麦克风以前，总是满头大汗，而开始播音以后，所有的恐惧反而一下子就都没有了。许多老演员也有同样的经验，他们都赞同，治疗恐惧症唯一的良药，就是行动，立刻进入状态，可以解除所有的紧张、恐惧和不安。

有一艘海轮途中触礁，船体进水。乘客有的急忙找救生圈，有的找自己的行李，但更多的人在发牢骚：有的责怪船长，说其驾驶技术太差；有的大骂造船厂，说其生产伪劣产品。这时，一位乘客高声喊道："我们的命运不是掌握在自己的嘴上，而是掌握在自己的手上，快堵住漏洞！"经过众人的努力，漏洞被堵住了，海轮安全地驶向彼岸。

这个故事又给我们什么启发？百怨不如一干，百说不如一做。光靠嘴是没用的，还要靠手，只有行动起来，才能解决问题。

一天，美国著名作家辛克列尔·利尤依斯应邀给一些文学系的学生讲课，讲课的题目是：怎样成为文学家。他首先提了一个问题："同学们谁确实想当作家？"学生们都不加思索，纷纷举起手。"要是这样，"他边说边把讲义塞进口袋，"我给你们提个建议：回家去写。"说完，他便离开了教室。这个故事告诉我们：只有采取行动才能实现目标。

"千里之行，始于足下"。实现目标的唯一途径就是行动。如果你不采取任何行动，即使成功的果实就在你眼前，你也采不到。英国前首相本杰明·狄斯累利曾指出，虽然行动不一定能带来令人满意的结果，但不采取行动是绝无满意的结果。做了，你就有可能成功；不做，你永远不可能成功。

品悟人生

一百个想法不如一个行动，包括动脑与动手。正因为人类有了创造性的行动，世界才会精彩，历史才会发展。

行动，唯一撬动梦想的杠杆

一个人，如果没有实际行动的话，那么再好的梦想也是空谈一场。在如今的市场经济大潮中，机会往往稍纵即逝，因而对于一个人而言，如果一味空想，缺乏付诸行动的勇气，就算机会屡次降临到你的身边，你也往往会与此失之交臂，空留遗憾和惆怅。

李淑君毕业于1981年10月份，走出高中的大门，18岁的李淑君开始想着自己的未来、自己的理想。上大学固然好，但自己最想做的还是穿上那身绿色的军装，当一名女兵。谁知父母知道后坚决反对，并说："你身体不好，怎么能去当兵？"

父母的劝说没有动摇淑君对从军的向往。那时的她只是羡慕军装带来的神气、迷人，也许就是这种当兵的情结，铸就了她当好兵的信念。

淑君在小的时候患有贫血症，血色素最低时可达到6.9克。14岁那年，在医院住了两个多月的医院。就是那70天，给了李淑君刻骨铭心的记忆。在那个时候，她的父母工作都很忙，因此他们没有办法到医院里来陪着她，整天陪在她床前的就是那些穿着白衣的护士们。她们为她打饭，带她洗澡，还从家里带来零食给她吃。由于贫血的原因查不出来，需要抽骨髓，进手术室前，小淑君吓得不停地哭泣，而在这个时候，在她的记忆中，有个护士长阿姨自始至终都陪在她的身边，拉着她的手说道："别害怕，有阿姨在，不会有事的。"

这一位阿姨始终都在微笑着，她把脸贴在淑君的脸上，让她的恐惧慢慢地消失了。在这70多个日日夜夜里，护士阿姨们成了她生命的留恋和依靠，成了她战胜病痛的信心和力量。她感觉她们像母亲，感觉到自己伤痛的生命被她们包围起来的温馨和安全。

后来那位护士长的微笑，连同岁月的增长，一起镌刻在李淑君心灵的最深处。当时光推移到2003年5月12日，李淑君荣获护理界最高荣誉“南丁格尔”奖时，她说：“听到这个消息后，浮现在我眼前的第一个景象，就是14岁我住院时遇到的那个护士，就是那位把脸贴在我的脸上并一直微笑着的护士长阿姨。”

淑君如愿以偿地穿上了军装，那天是12月26日。父亲对李淑君说的一句话是：“别给当兵的丢脸啊。”

这让她终生难忘。离家的那天晚上，她对母亲说：“让爸爸看着我吧，我不会给他丢脸的。”

李淑君在当兵的第二年，当她正专心致志地复习功课准备考军校时，突然接到通知，让她和另一名女兵到石家庄军医学校去进行训练，参加国庆35周年大阅兵。

在考军校或者是参加阅兵的时候，所有认识李淑君的人都劝她要现实一些，客观一些，因为考军校不但可以圆自己永远穿军装的梦想，还可以圆自己上大学的梦。但李淑君选择了后者。面对着这一切的选择，李淑君说：“考军校和阅兵对我来说都是一种人生的考验，但考军校不是唯一的机会，而参加阅兵却是唯一的一次。”在选择阅兵的时候，李淑君想到的更多是为了体会军人的意义，至于个人的前途，她说：“当时我还很年轻，以后有的是机会。”

在1984年的2月份一直到10月这期间，从大雪纷飞的寒冬到40多度的酷夏，几乎每天都是8个小时以上的训练，最热的时候练站姿，一站就是2个小时，没有任何的动作。为了走正步，腿上绑着沙袋，皮鞋不知穿坏了多少双。面对常人难以忍受的训练强度，李淑君毫不退缩，用自己的实际行动实践着自己当初选择它、做好它的誓言。

正所谓“功夫不负有心人”，李淑君在不断地努力中，用行动慢慢地撬起了自己的梦想和人生，她用行动实践了她的梦想。

贝尼特斯是一个西班牙人，他加盟利物浦转眼间已经到了第二个赛季。

对于利物浦的新赛季，对于个人的第二个英超赛季，贝尼特斯感到非常兴奋，但是在谈到人们对“红军”的期望时，贝尼特斯却显得很现实。

贝尼特斯和他的“红军”在当天下午已经北上到达了米德尔斯堡，开始为球队与米德尔斯堡队的揭幕战开始做准备了。

在率领“红军”利物浦拿下欧洲冠军杯之后，贝尼特斯也明白这个赛季球迷对于他们已经有了更高的期望。

“在新赛季的开始预测一下我们夺冠的可能，也许球迷会认为我们有赢得第六座冠军奖杯的可能，但是，事实上我们都知道这基本上是不可能完成的任务。”贝尼特斯毫不掩饰地说道。

“英超联赛是一个顶级的联赛，我们知道新赛季球迷们会期望球队能够在联赛中取得更好的成绩，这是毫无疑问的。这是一个好的现象，我们也希望球迷们这样的期望可以一直鞭策球队不断进步。但是，我们不会因此而感到过分的压力。我们并不想过多地谈论自己想要用实际行动去完成的事情。我们会向球迷展示球队最好的比赛，认认真真地对待每一场即将到来的比赛。”

其实，这也是在告诉人们，只要肯付出行动，那么梦想就会一步步实现，因为行动是撬起梦想的杠杆。

当年的迪斯尼为了要实现他心中的梦想，不断地呼吁去建造一个乐园，可是，当时有很多的人反对他的想法，有的人担心会对环境产生很大的影响，有的人担心他的资金有问题，有的人甚至怀疑他的头脑有问题，有的人说政府不会批那么大的一片土地。可是迪斯尼就是不停地想着各种各样的方法。资金方面有问题，他跑了143次银行。他用自己积极行动来寻求各方面资源和支持，最后，他梦想中的乐园——迪斯尼乐园，终于在美国开始兴建起来，直到现在，还被复制到世界各地。

不管任何事情，都要养成一个积极行动的习惯，不要相信被动会有所收获的，因为社会需要你来作为一个推动者，你要去推动很多很多事情，使事情得以一个一个地发展。你应该做一个能够推动历史进程的人。一直坐着等事情发生，就好像在等着月光变成银子一样的渺茫。希望宇宙中发生奇迹、取代自然法则的作用，那简直是不可能的。这些想法往往是懒惰者的借口，是失败者的托辞。

品悟人生

任何一个人的成功都是通过艰苦的努力换来的，成功者往往和下面的词汇相关：刻苦、勤奋、努力……而这些词汇都是要通过实际行动实现的。行动，是获得成功的必经之路，是撬动梦想的杠杆。

不怕苦，就能把愿景转为现实

行动是成功的保证，正如克雷洛夫所说的："现实是此岸，理想是彼岸，中间隔着湍急的河流，行动则是架在川上的桥梁。"只有行动才会产生最后的结果。任何伟大的目标，伟大的计划，最终必然会落实在行动上。

一个人如果不把目标转化为行动，再多的方法到了最后也是无济于事。人人都希望借由学习而实现梦想，那唯一途径只能是立即行动！

没有果断的行动，一切梦想都将只是一个泡影。在执行的过程中可能会出一些差错，但是这种差错所带来的危害远远不如行事犹豫不决给人们带来的危害大。

曾有人说，要做到"说一尺不如行一寸"，其实这句话非常有道理，因为在我们的现实中，有些事情确实需要有许多的勇气、毅力、智慧和责任。

使成功成为生活中的组成部分，使昨日的理想成为今天的现实，仅靠愿望和祈祷当然是不成的，必须行动起来，只有动手去做，才能让你的理想实现。

任何希望，任何计划最终必然要落实到行动上。只有行动才能缩短自己与目标之间的距离，只有行动才能把理想变为现实。做好每件事，既要心动，更要行动，只会感动羡慕，不去流汗行动，成功就是一句空话。因为在我们的生活之中，任何希望、任何计划、任何事情，最终都需要落实到位。而只有行动，特别是以积极的态度去行动，才能把计划与理想变为现实，才能取得成功。

做得好也就是做出的行动好。对于那些成功者来说，我们都可以从他们身上找到某些成功的偶然性，如果他们在当时没有付出比常人多几千倍、几万倍的行动，在后来是不可能获得一个又一个成功的。

爱迪生在75岁的时候，他还没有退休，而且每天还是和年轻的时候一样，准时到实验室里签到上班。为此有个记者问他："你打算什么时候退休?"而爱迪生故意装出一副十分为难的样子说："糟糕，这个问题我活到现在还没来得及考虑呢!"他活了84岁，一生的发明有1100多项，对自己成功的原因，他曾这么说："有些人以为我所以在许多事情上有成就是因为我有什么'天才'，这是不正确的。无论哪个头脑清楚的人，如果他肯努力行动，都能像我一样有成就。"爱迪生的名言是："天才是百分之一的灵感，百分之九十九的汗水。"

汗水就是行动，行动就是努力。无论是在哪个领域里，如果不努力去行动，那么终将还是不可能会获得成功。就连凶猛的老虎要想捕捉一只弱小的兔子一样，虽说兔子弱小，但是还需要老虎全力以赴地去行动，如果不专注、不努力，要想捕捉到兔子是不可能的事情。

巴布罗·卡沙斯是世界著名的大提琴手，但是他在取得举世公认的艺术家头衔之后，并没有为此而不再去练习，不再去努力，他还是和以前一样，依然每天坚持练琴6小时，养成了"行动再行动"的良好习惯。有人问他为什么仍然还要练琴，他的回答很简单："我觉得我仍在进步。"

一个成功者想继续成功就要这么去做，因为世上的事物没有绝对的成功，只有不断的努力，才能有不断的进步。而成功则是没有终点的，就像是我们旅程中所走过的一个个过程一样，必须一站一站往前走，一旦停在原地，不再去努力，不再全力付诸行动，成功的列车就会把你甩得远远的。

品悟人生

汗水就是行动，行动就是努力。无论是在哪个领域里，如果不努力去行动，那么终将还是不可能会获得成功。

第二章

今天的吃苦，就是为了明天的精彩

不一定非得有一技之长的人生才会有光明，认真做事往往能给你带来命运的改变；不一定非得做轻松而体面的工作，人生才有前途，脚踏实地地做事就会给你带来成功。

苦想没盼头，苦干有奔头。决定一个人的人生成败，就是看他是不是有苦干精神。

现在多吃苦，是为了以后少吃苦

吃苦是成长的阶梯，是成功的垫脚石。正如飞蛾由蛹变茧、破茧而出的过程：由蛹变茧时，翅膀萎缩，十分柔软；在破茧而出时，必须要经过一番痛苦的挣扎，身体中的体液才能流到翅膀上去，翅膀才能充实有力，才能支持它在空中飞翔。

一天，有个人凑巧看到树上有一只茧开始活动，好像有蛾要从里面破茧而出，于是他饶有兴趣地准备见识一下由蛹变蛾的过程。

但随着时间的一点点过去，他变得不耐烦了，只见蛾在茧里痛苦挣扎，将茧扭来扭去的，但却一直不能挣脱茧的束缚，似乎是再也不可能破茧而出了。

最后，他实在等得不耐烦了，就用一把小剪刀，把茧上的丝剪了一个小洞，让蛾出来可以容易一些。果然，不一会儿，蛾就从茧里很容易地爬了出来，但是那身体非常臃肿，翅膀也异常萎缩，耷拉在两边伸展不起来。

他等着蛾飞起来，但那只蛾却只是跌跌撞撞地爬着，怎么也飞不起来，又过了一会儿，它就死去了。

蝴蝶为什么会死？原因是蝴蝶失去了成长的必然过程。蝴蝶的成长必须在蛹中经过痛苦的挣扎，直到它的双翅强壮了，才会破茧而出，那些不经过痛苦挣扎而生的飞蛾势必夭折。人的成长也是如此，没有经过不幸、挫折、失败磨炼的人生也难以承担大任，即使让其承担大责任，也会因经受不住随之而来的艰辛、曲折、困难的考验而归于失败。

举世闻名的大文豪高尔基，早年丧父，11 岁时就给资本家当徒工，也正是这段苦难的童年使他懂得了人生，有了过人的深厚的生活阅历，为后来的文学创作打下了坚实的基础。

1915 年获得诺贝尔物理学奖的威廉·亨利布拉格，青年时在皇家学院求学。这里读书的人大多是富有人家的子弟，可亨利布拉格衣衫褴褛，拖着一双比他的脚大得多的破旧大皮鞋。富家子弟诬陷他这双破皮鞋是偷来的。有一天，老学监把他召到办公室，两眼死盯着他那双破皮鞋。亨利布拉格明白是怎么回事，他拿出一张小纸条交给学监。这是他父亲写给他的一封信，上面有这样几句话："儿呀，真抱歉，但愿再过一二年，我的那双破皮鞋你穿在脚上不再嫌大。如果你一旦有了成就，我就引以为荣。因为我的儿子正是穿着我的皮鞋努力奋斗成功的。"老学监看完信之后，也被深深地感动了。

能吃苦的人才能享受到"苦尽甘来"的幸福。相反的，没吃过苦，不具备吃苦耐劳的品性的人，很难在布满荆棘的人生路上走出康庄大道来，即使你有优越的条件也不例外。试想，古今中外历史上又有几个纨绔子弟成就大业或有所成就呢？

在人生的旅途中，大凡成功者，大多数是先吃"苦"，然后才会获得"甜"的！所以，能吃"苦"就是一种资本，一种保证今后能够得到"甜"的资本。

一个大学毕业生在应聘时，由于读的大学并不出名，专业也不热门，因此考官不打算录用他。但在面试结束时，他向考官真诚地说了一句："我能吃苦！"这句话改变了考官的主意，就让大学生回去等消息。

第二天，考官专门去学校调查了该大学生，得知他的家境很贫寒，在学校期间一直吃苦耐劳。于是考官就决定录用他，因为这种能吃苦的人才是任何公司都欢迎的。

这个大学生求职的经历证明了一个道理：能吃苦，敢吃苦，这就是资本！

不会永远吃苦下去，走到终点便是甜。

品悟人生

在人生的旅途中，大凡成功者，大多数是先吃“苦”，然后才会获得“甜”的！所以，能吃“苦”就是一种资本，一种保证今后能够得到“甜”的资本。

吃得苦中苦，方为人上人

中国有句俗语：“吃得苦中苦，方为人上人”。在工作中，面对的每一次困难与挫折都附带着等值好处的种子。困难与结果是一对永远对立的矛盾统一体。

在你面对困难的时候，往往也是你增长见识、增加能力、增长成功几率的良好时机。因为困难是达到结果的必经程序，没有困难你就永远不能富有。从某种意义上说，困难往往与机会同在，它会为你带来财富的结果。

正如温斯顿·丘吉尔说过的一句话：“苦难就是机遇。”

塞万提斯写他的《唐·吉诃德》，是在他被困在马瑞德狱中的时候。那时他贫困不堪，甚至无钱买纸，在将完稿时，把皮革当作纸张。有人劝一位西班牙巨商去接济他，那位巨商回答说：“上天不允许我去接济他，因为唯有他的贫困，才能使得世界丰富！”

牢狱往往能唤起高贵的人心中已经熄灭的火焰。《鲁滨逊漂流记》

是在牢狱中写成的，《天路历程》是在彼特福特牢狱中写成的。拉莱在他13年的幽囚生活中，写成了他的《世界历史》。大诗人但丁被判死刑，过着流亡的生活达20年，而他的作品就是在这段时期中完成的。

被人誉为“乐圣”的德国作曲家贝多芬一生遭到数不清的磨难、贫困、失恋甚至耳聋，几乎毁掉了他的事业。但贝多芬并未一蹶不振，而是勇于向“命运”挑战！贝多芬在两耳失聪、生活最悲痛的时候，写出了他的最伟大的乐章。正如他给一位公爵的信中所说：“公爵，你之所以成为公爵，只是由于偶然的出身，而我成为贝多芬，则是靠我自己。”

许多拥有财富的人，在困难面前总是愈挫愈勇，不战栗，不退缩，胸膛直挺，意志坚定，敢于蔑视任何厄运，敢于嘲笑任何逆境；因为忧患、困苦不足以损他毫厘，反而会加强他的意志、力量与品格，促使他坚定地向自己的目标结果进发。

日常工作中，必然会出现一些困难。例如，忽然有一天，老板将一份非常棘手的工作交给你，你会有怎样的感想？你可能会想：“老板真是不公平，把这么麻烦的事情交给我，而同事博特却每天清闲自得，他比我拿的薪水还多呢！”也许这样想有你的道理，但是，你不如说服自己，“在老板的心目中，我比博特优秀。即使是老板有意优待博特，那么如果我把问题解决了，老板也会心知肚明的。”如此，你的心态就会非常开阔，你的努力也不会白费。就像当年安德鲁·罗文那样，勇于承担任务，战胜重重困难，最后终于把信送给了加西亚将军。困难承载的机会就是他借此获得的一切，包括财富、荣誉、职位等等。

松下幸之助曾经说：“没有永远的失败，只有暂时的困难。失败能提供给你以更聪明的方式获取再次出发的机会。”遇到挫折时，记住，只要你积极面对，那只是黎明前的黑夜。

“失败乃成功之母。”这充分地说明了在追求财富结果的路上，失败几乎是在所难免的。有一位社会学者说：“我对古今中外的科学家做了充分的探讨，任何一项科研项目的成功都不是一次实验就能成功，其间都经历了曲折与坎坷。”

那些伟大的科学家，在经历了无数次失败以后，依然不放弃对科学真理的追求，想必对失败有了更深层次的认识。心理学家在谈及科学家的失败时说：“对于他们来说，失败就是成功的先期经历，这是每一项科学研究必须经历的。”

日本本田公司在全世界都有口皆碑，但是，人们对其创始人本田宗一郎的了解也许不是很多。本田宗一郎出生在一个贫困家庭里。这个穷学生从来就不喜欢学校的正规教育，反而对机械研究情有独钟。可是，一个文化教育程度不高的人，想要制造摩托车、汽车，又谈何容易呢？在本田的一生中，曾经失败过多少次连他自己都不清楚，但是本田能够记得清楚的是，他每次总是要仔细地探讨失败。

本田说：“每次失败后，我都要灰心丧气地消沉几天，但是几天过后，我又变得精神抖擞起来。我开始对前几天的失败进行思考，找出失败的真正原因，然后再提醒自己该从什么地方入手，避免失败。”

本田的技术一天天地突破，后来他的公司也在一天天壮大，在短短的几年内就成功打败了几百个竞争对手，立足于摩托车和汽车行业，并且取得了举世瞩目的成就。本田在回忆总结自己的成功经验时，说出了令很多人惊讶的话，他说：“感谢失败！我成功的经验完全来自失败。”本田大胆地承认，自己的成功秘诀全来自于自己对挫折失败的反省。

在本田公司，如果有失败产生，一定会将这次失败作为公司的重点探讨专案。公司董事会会针对失败仔细研究，然后将研究结果向整个公司的每个成员发布，这样的管理方式与模式，在全世界的知名企业里也是很独特的。

由此可见，本田宗一郎今天的结果几乎是必然的。

打倒失败，获得结果，其实并不是什么难事，只要我们及时发现自己的错误，主动面对失败，积极探讨失败，并找到真正的失败原因，并及时改正，就一定会达到结果。

事实上，大大小小的困难构成事业的全部，但它同时也会给你带来宝贵的阅历。在每次解决困难和问题的过程中，总结、吸取经验教训，会使你的能力有所提高，在困难中得到历练，从而在人生中的行走游刃有余。

品悟人生

有句话说得好："苦藤结瓜瓜儿甜。"每一个人在追求成功的过程中，难免会失败受挫。但一定要做到不怕苦、不畏难，迎难而上，勇敢地接受挑战，克服困难，达到结果，我们应该相信风雨过后，就是美丽的彩虹。

吃苦是建立伟业的基础

没有智慧的知识是没有用处的，但拥有知识和智慧而没有苦干的精神，也同样没有用处。

几年前，有个很有才气的教授想写一本传记，专门研究几十年前一个让人议论纷纷的人物轶事。这个选题既有趣又少见，真的很吸引人。这位教授知道的很多，他的文笔又很生动，这个计划注定会替他赢得很大的成就、名誉与财富。一年过后有人无意中提到那本书是不是快要大功告成了，谁知道，老天爷，他根本就没有写！他犹豫了一会儿，好像正在考虑怎么解释才好，最后终于说"太忙了，还有许多重要的任务要完成，因此自然就没有时间写了"。

生活中，有很多人与这位教授十分相似，他们有很好的想法与规划，有十分美好的理想与愿望，可是没有用苦干来实现它。事实是，任何事，即使是再美好、再有价值的东西，不行动，也会胎死腹中，令人惋惜。

当你下决心做事时，一定要立即行动，上天不会因为你美好的想象而送你一张"馅饼"。

数年前的一个晚上，成功学大师克里曼·斯通在墨西哥城访问弗兰克和克劳迪娅夫妇。

克劳迪娅谈到："我盼望我们在加丁区（加丁区是墨西哥城最令人向往的地方）能够有一所房子。"

斯通问："你们为什么还没有呢？"

弗兰克哭了，答道："我们没有这笔钱。"

斯通说："如果你们知道你们想要什么，穷有又有什么关系呢？"

弗兰克没有回答。

斯通又提出一个问题："顺便说一下，你们是否读过一本激励人的励志书，例如《思考致富》、《积极思考的力量》、《你的潜能》、《信心的魔力》等？"

他们回答："没有。"

于是，斯通就告诉他们一些成功人士的经历：这些人知道他们想要什么，读了一些励志书，听从书中的意见，然后就行动。迈出第一步后，他们继续坚持努力，最终获得了他们所追求的东西。

斯通还告诉弗兰克夫妇几年前他自己的条件：1500 美元用于首次付款，分期付款购买了一所价值 120 万美元的新房子以及如何按期付清了房款。斯通送给了他们一本他所推荐的书。弗兰克和克劳迪娅下定了决心。

当年的 12 月，当斯通正在家中休息时，接到了克劳迪娅打来的电话。她说："我们刚从墨西哥城来到美国，弗兰克和我所要做的第一件事就是感谢你。"

斯通感到诧异："感谢我，为什么？"

"我们感谢你，因为我们在加丁区买了一所新房子。"

几天后，在请斯通吃饭时，克劳迪娅解释说："在一个星期六的傍晚，弗兰克和我正在家里休息，有几位从美国来的朋友打电话来，要我们用汽车把他们送到加区去。恰好那个时候我们都相当疲乏了，弗兰克正准备拒绝时，书上的一句话闪现于他心中：'迈出第一步。'于是我们决定用汽车送他们到那里。当我们用汽车送他们通过这人造的天堂时，我们看见了自己梦寐以求的房子——甚至还有我们所渴望的游泳池。我们买了它。"

弗兰克说："你可能很想知道，虽然这个房产的价值超过 50 万美元，而我们的存款只有5000美元，但我们住在加丁区新居的费用比住在旧居的费用还要少些。”

“这是为什么呢?”

“因为我们买了两套房间，它们在财产上相当于一所房子。我们将其中的一套租了出去，那套房间的租金足以偿付整个房产的分期付款。”

这个故事并不十分惊人，一个家庭买了两套房间，自住另一套房间，这是很普通的事情。使人感到吃惊的是：一个没有经验、没有背景，甚至没有资金当本钱的，人只要听从他人的一些建议，然后付诸行动，居然能轻易得到他所想要的东西。

如果你想成就一番伟业，在确立你远大的目标之后，就要静下心来，认认真真、脚踏实地地做你该做的事情。在通往成功的路上，你不要梦想一步登天，如果基础不扎实，那么，你的奋斗目标则无异于空中楼阁。所以，真正聪明的人，就是一步一个脚印地走着，用苦干构筑成功的基石。

品悟人生

“纸上谈兵”的人表面看起来夸夸其谈，其实最终只能落个笑柄。我们要牢记：没有智慧的知识是没有用的，而没有行动的智慧也是毫无价值的。活着，不仅是要思考，更多的是要苦干。

成功在于先吃苦

一个人能否成功，苦干是第一位的。要想成功，现在就要苦干；发现机会，现在就要苦干。总之，一切的一切，苦干才是最重要的。

许多人总是长吁短叹，认为自己之所以没有富起来，主要原因就是没有发财的机遇。其实，我们不妨对比一下那些致富者，你就可以发现，机遇在大多数时候不是同时降临在许多人身上的，只是有人懂得苦干了而已。

1951年11月14日，张艺谋出生在陕西西安。张艺谋的童年并不幸福。因为“成份”不好，他的父亲在“文革”中被打成“历史反革命”。这样，父亲没有收入，做医生的母亲收入微薄，家里的生活很清苦。在那个“成份论”的年代，对于年幼的张艺谋来说，当时压在他身上的有“三座大山”：贫寒的家境、社会的歧视、精神的压抑，这使得儿时的张艺谋很少有一般儿童的天真活泼。

张艺谋中学毕业，被安排到咸阳地区的偏僻山区插队下乡，于是张艺谋和几个好友一道，来到了咸阳地区乾县一个贫穷村庄。

张艺谋成了一个下放知青，从此，他每天像一个农民一样拉车、起粪、种地……整天不是一身泥就是一身汗。繁重的田间劳动，令张艺谋及他的几个好友整天是腰酸背痛，那时，他们最大的享受就是晚上能早早地躺倒在床上。

可是，张艺谋尽管白天累得够呛，但晚上他并没有和其他人一样悠闲地躺在床上一起海阔天空地闲聊，他认为，自己是一个知青，不能让农村的田间地头把他彻底地变成了一个农民。于是，他利用既有的条件来给自己“充电”。在那个时候，张艺谋有两大必做的功课：一是练字：楷书、草书、魏体……他一有空就练；二是画画，他画了一幅一人多高的毛主席像，农民们感叹“从来没见过这么大的主席像”。在这里，他虽然过着连肚皮也填不饱的日子，但张艺谋却没有白过。他游览了陕西咸阳地区的很多古迹，西部文化的熏陶，为他后来从事电影事业埋下了很好的文化底蕴。

在1971年，知识青年纷纷返城，很多人由知青一下子变成了令人羡慕的工人。可是，张艺谋没有成为这其中的幸运儿，由于家庭出身问题，使得他再无法回到生他养他的都市，在他下放的地方，只有他一个人孤独地待在那里。但张艺谋没有怨天尤人，他开始想着适应社会、了解社会，他要改变自己是一个下乡知青的角色，自己去创造自己的生活。他经过一番调查，发现当时各个工厂招工的时候，都愿意要有特长的人。不久，咸阳国棉八厂又在招工，他不知从哪里得知，咸阳国棉厂对打篮球的工人可以放宽政审条件。张艺谋太想从知青“转演”工人了，于是他就苦练篮球技术，掌握了比他人更好的篮球技术，不久就被咸阳国棉厂录用了。

虽然张艺谋由农民转成工人，但生活的压力并没有得到怎样的改善。在工作上，他每天要不停地把百多斤重的原料袋扛进车间，这样的劳动量不比当农民时轻；在精神上，他仍然受到歧视。但是，生活双重的压力并没有让他放弃对生活的进取，他常拖着疲惫的身躯为车间墙报发挥自己的绘画才能，不久，厂领导发现了他的才能，于是他被提拔到工艺室从事设计工作。

为了把工作做好，他需要一架照像机，那时，最普通的照相机也要好几百元人民币一台，这对于每月只有30元工资的张艺谋来说，简直就是一个天文数字，没办法，他只得一分一分地攒。他把自己的生活费降到了最低标准，每天啃干馍、咸菜，节衣缩食，最后，还卖了血，终于买回了一台照相机。从此以后，八百里秦川的山山水水都摄进自己的镜头之中……当时，在晚上张艺谋值夜班，在白天他到大自然里去享受欢乐和自由。他为此还买了一套洗相设备，在拥挤杂乱的集体宿舍里精心设计了他的暗室。在工友们的眼里，这位平常不太言语的张艺谋，他的作品却在全国摄影作品大赛中获了一等奖。

恢复高考制度后，张艺谋考上了北京电影学院。这是北影第一次招生，张艺谋虽然成绩不错，可是，他的年龄及政审都不合学校的要求，张艺谋多方奔走没有结果，但他没有放弃，他了解到：国家当时正在宣传“伯乐精神”，于是，就给素昧平生的文化部长写了一封自荐信，并且附上了他自己最优秀的摄影作品。部长看信以后，认为这是个人才，就派了人去过问，终于使电影学院破格录取了张艺谋。

张艺谋从影以后，敢于突破禁区，张扬个性，推出了一部又一部轰动中外的电影作品，实现了他成功的人生。他从影的经历构成了一部足以让人们惊叹的当代传奇：他是亚洲获奖最多的电影艺术家，所获奖项不下百种。1993年，国家人事部授予他“中青年有突出贡献专家”称号。1995年，他被加拿大蒙特利尔国际电影节评为“全世界十大杰出导演”之一。1996年，他被评为“20世纪世界十大最具成就导演”之一。如今，张艺谋成为了影坛的风云人物，更让人期待的是，作为2008年北京奥运会开幕式的总导演，他用他的智慧，向全世界展示他人生更多的精彩。

成功后的张艺谋说过这样一句话：“今天很残酷，明天更残酷，后天很美好，但绝大部分是死在明天晚上，所以每个人不要放弃今天。”正是他在困苦中坚持自己，才使得他走向成功。

在很多人的生活中，他们更多的是在体味人生的悲苦，如失败的阵痛、悲欢离合的苦楚、世俗的鄙视眼光、成功者的欺凌、在世间处处陪着的小心……世上的人都被自己的苦煎熬着，为自己的苦难悲伤着，被无名的忧愁烦恼着，为别人的伤痛而叹息着，每一颗心都在烈火中煎熬，有人挺过来了，但有人屈服了、倒下了。只有今天苦过来，才会拥有明天的成功。

品悟人生

一个人能否成功，苦干是第一位的。要想成功，现在就要苦干；发现机会，现在就要苦干。总之，一切的一切，苦干才是最重要的。

苦干有作为，人生才能有地位

每个人都希望在属于自己的圈子里有一定的地位，成为核心人物，可是，有很多刚刚踏上社会的人只知道追求地位，而不注重自己的责任。须知，不作为的人是不可能成为核心人物的，相反，即使已是核心人物，要是缺乏责任心，一定也会丧失在人际中的核心地位。

吴杰是某公司驻京办事处主任，在办事处他是个核心人物，只有他说了算。有一次，吴杰得到一个消息：公司决定安排他到外地去处理一项难缠的业务事件。吴杰早就听说这项事务非常棘手，很多人避之唯恐不及，他当机立断提前一天告假。

第二天，总公司把事务安排下来，吴杰让助手顶替自己去处理这项事务。吴杰的想法是：难办的事，就让助手顶着，办不好，自己可以推脱责任。

半个月后，事情没有办好，公司高层追究责任，吴杰便以自己告假为由，言称自己不知道这件事情的具体情况，一切都是助手自作主张，带领一帮人去处理的。

当高层进行一番深入调查，听了吴杰助手的具体阐述后，对吴杰责任心产生了怀疑，害怕他把这种手段当作惯伎，影响了整个组织的团结和工作效率，所以，不久就降了吴杰的职。

海尔的一名高级主管这样说过："同事和上司们推选我来做质保部主管，是因为我会随时随地把我听到的看到的关于海尔的意见记下来，无论是我在朋友的聚会中，还是走在街上听陌生人所说的话。因为作为一名员工，我有责任让我们的产品更好，正是我把公司的事当成自己的事，才赢得了公司上下对我的信任。"

在现实中，有许多人本来具有出色的能力，却因为责任心不强，在工作中得过且过，自然就业绩平平，无所建树，甚至在工作中经常出现疏漏，结果，让自己逐渐平庸下去，无所作为，自然无地位可言。相反，另外有一些人，他们勇挑重担，全身心地尽职尽责地投入到工作之中，个人地位也不断得到提升，往往会成为圈里的核心。

老张退休后被一家私企聘做仓库保管员，工作非常简单，无非就是按时关灯，关好门窗，注意防火防盗等等。但老张却做得超乎常人的认真。他不仅做好来往的工作人员提货的纪录，将货物有条不紊地码放整齐，还从不间断地对仓库的各个角落进行打扫清理。这些繁琐的工作，老张从不觉得枯燥，相反，他做得井井有条。一年下来，仓库在他的保管下，居然没有发生一起失盗案件，工作人员每次都会在最短的时间里找到所提的货物。

一天，突然而来的强对流天气使得狂风骤起，乒乓球大的冰雹从天而降，冰雹砸坏了许多窗户的玻璃，冰雹过后，倾盆大雨又从天倾斜而下。这时，在家里休假的厂长感到十分不安，因为在仓库里还堆放着刚买来的一些生产原料，如果仓库的窗玻璃被冰雹打坏，原料就会被雨湿透，这会给公司造成不小损失。于是，厂长马上通知安全科长，要他带几个人和自己一起赶到厂里抢险。

可当他们赶到仓库的时候，看见仓库窗户的玻璃虽然已经被冰雹砸碎，雨水随风从窗户飘进来，可原料已经被帆布盖好。更让他感到诧异的是，浑身湿透的老张正迎着随风而进的大雨逐个修补着仓库的窗户——厂长高悬在半空的心一下子放了下来。他和安全科长带来的人一起也投入到了老张的战斗中。

事后，厂长握着老张的手说着感谢的话，而老张却只淡淡地说："这就是我的事。"

鉴于老张的这种负责任的精神，不久，厂长破例提拔这个临时工人做仓库主管。当时，好多正式的老职工不理解，老张来厂里才一年，贡献不大，凭什么当上领导？厂长看出了大家的心思，于是说道："作为一名临时的仓库保管员，老张能对自己的岗位忠于职守。上次，你们谁不知道仓库的原料将有被雨水淋湿的危险，可你们又有谁能来仓库照看一下呢？你们觉得那不是你的责任。老张只是一个临时工，可他真正做到了工作有颗责任心，我觉得他是最称职的仓库主管！"

有多高的地位，就必须承担多大的责任。不作为的人，很难成为团队的核心；不作为的领导者，也会丧失地位。聪明的人都是先挑担子，先求作为，后求地位。勇于负责的人，面对困难和危机，不会退缩，不会贪轻怕重，不会逃避，他们一马当先，勇挑重担，全力以赴地创造卓越的作为，用作为证明自己的价值，用作为博得上司的器重，用作为为自己赢得崇高的声誉和地位！

品悟人生

不作为的人是不可能成为核心人物的，相反，即使已是核心人物，要是缺乏责任心，也一定会丧失在人际中的核心地位。

嚼得菜根才能做得大事

我国南方一所大学的校训是："嚼得菜根，做得大事。"菜根，代表了生活的清苦和艰辛。一个人如果想事业有成，则必须经受得住日常工作、形形色色的诱惑以及各种艰难困苦的考验，在这些考验中，他应该能行得正、走得稳。而且，他也应该经受得住实际生活的痛苦和考验。

史蒂芬逊是大家熟悉的火车发明家。1781 年，史蒂芬逊出生于英国，双亲都是矿工，家境清苦，他十多岁便在矿场上班，18 岁时，才有机会上学。毕业后，又到矿场当技工。由于从小目睹矿工工作的艰辛与危险，史蒂芬逊决定为矿工解决这些遇到的工作的难题。首先他发明了巧妙的矿坑安全灯，解决了采矿的照明问题，减少意外的灾难发生。其后，他看到矿井底下运煤困难，又致力于火车的研究，希望能减少矿井工人运煤的辛劳。在当时想研究火车，需要大量的经费投入，史蒂芬逊虽然每天过着清苦的生活，但追求成功的意志鼓舞着他克服种种困难，终获成功。

台湾首富王永庆说："由于生活中受到的煎熬，才产生了我克服困难的精神和勇气。幼年生活的困苦，也许是上帝对我的赐福。"

没有吃不了的苦，人们忍受苦难的能力，是非常大的。不论有多么大的困苦，都可以千方百计去克服。

尽管人们极力追求成功，追求幸福，同时人们极力躲避痛苦，但是成功少不了痛苦，它是无论如何也躲避不了的事。人们能够做到的，只是如何缩短痛苦，减少、避免那些由于自身的原因所造成的痛苦。而在遇到痛苦之后，则力求化解痛苦，争取成功。

肉体上的痛苦，或者使人疼痛难忍，或者给人的生活带来诸多不便。有一些肉体上的痛苦，还会给人带来心灵上的创伤。灵魂中的痛苦，较之肉体上的痛苦，对人来说，是更加难以忍受的。它或者是自我的谴责，无尽的悔恨，痛不欲生；或者是感到成功的艰难，怀疑成功的意义和价值；或者是处于一种难堪的境地，进退不得，左右不得；或者是受到外来的压力，使人感到没有任何前途；或者是心中不平，使人倍感不公。诸如此类的痛苦，是任何人都极力想要避免的。

一个人要想活得健康、幸福，就要吃苦耐劳。对功成名就的人，一般人只知道羡慕其成功，却很少去理会他成功以前，究竟尽了多大的努力以及吃了多少难以言状的苦头。古希腊数学家欧几里德，接受当时国王的邀请，为国民讲解几何学。国王见几何学内容庞大、深奥，顿觉厌烦，于是问道，学习几何学，有没有更快的方法呢？欧几里德是这样回答的：“在几何里，是没有捷径的。”

品悟人生

人生也是如此，要想获得成功，绝没有太轻松的捷径可言。俄国作家契诃夫说过：“天才就是努力之意。”努力和坚持是走向成功的永恒的法宝。

成功者必定会经历磨难

许多人一经历挫折，就悲观失望，并马上和失败联系在一起。其实挫折并不等于失败，有时候，人生必须经历一些风雨的磨难才有可能获得成功。

有一天，一个农夫找到上帝，对他说：“我的神啊，也许是你创造了世界，但是你毕竟不是农夫，我得教你点东西。”

上帝借着胡子的遮掩，偷偷笑了，对他说：“那你就告诉我吧。”

“给我一年时间，在这一年里，按照我所说的去做。我会让你看见，世界上再也不会有贫穷和饥饿。”

在这一年里，上帝满足了农夫所有的要求。没有狂风暴雨，没有电闪雷鸣，没有任何对庄稼有危险的自然灾害发生。

当农夫觉得该出太阳了，就会阳光普照；要是觉得该下点雨了，就会有雨滴落下，而且想让雨停雨就停。

环境真是太好了，小麦的长势特别喜人。

一年的时间到了，农夫看到麦子长得那么好，就又到上帝那儿去了，对上帝说：“你瞧，要是再这么过十年，就会有足够的粮食来养活所有的人。人们就算不干活也不会饿死了。”

然而，等人们收割的时候，却发现麦穗里什么都没有，空空如也。这些长得那么好的麦子，竟然什么都没结出来。

农夫惊讶极了，又跑到上帝那儿去了：“上帝呀，这究竟是怎么回事呀?”

“那是因为小麦都过得太舒服了；没有任何打击是不行的。这一年里，它们没经过风吹雨打，也没受到过烈日煎熬。你帮它们避免了一切可能伤害它们的东西。没错，它们长得又高又好，但是你也看见了，麦穗里什么都结不出来。”

就像白昼之间总有黑夜，风雨雷电都是必需的，正是这些锻炼了小麦。人生也是如此，不经风雨就见不到彩虹，不经历失败就看不到成功。

司马迁自幼受其父影响，诵读古文，熟读经书，20 岁就周游全国，考察名胜古迹，山川物产，风土人情，访求前人轶事掌故。后又继任太史令，得以博览朝廷藏书，档案典籍。太初元年根据父亲遗志着手编撰一部规模宏大的史书。

正当司马迁努力写作之际，不幸的事情发生了。天汉二年，名将李广之孙李陵率 5000 士兵出击匈奴，开始捷报频传，满朝文武都向武帝祝贺。但几天以后，李陵被匈奴围困，寡不敌众，在士卒伤亡殆尽的情况下，被匈奴俘虏。前几天称颂李陵的文武大臣反过来怪罪李陵。司马迁替李陵辩护，触怒了汉武帝，被打入天牢。按照西汉的法律，大夫犯罪，可以用钱赎身，但司马迁家里贫穷，一时间拿不出那么多赎金；往日亲近的人，谁也不敢替他说情或帮忙，最后司马迁受到了宫刑。

出狱之后，司马迁担任中书令，这种职务历来都是由宦官担任的，对士大夫来说是一种耻辱。司马迁的朋友任安在狱中给他写信，表示对他的行为深感不解。司马迁回信说："我并不怕死，每个人都有一死，或重于泰山，或轻于鸿毛，如果我现在死了，无异于死了一只蝼蚁。我之所以忍辱苟活，是因为撰写史书的夙愿还没有实现啊。从前，周文王被困于羑里才推演出《周易》，孔子被困于陈蔡才作出《春秋》，屈原被放逐于江南才写下《离骚》，左丘明失明之后才完成《左传》，孙膑被削掉膝盖骨才编著《兵法》、吕不韦被贬于蜀地才作出《吕氏春秋》，韩非被拘禁于秦才写出《说难》、《孤愤》啊！我要效法这些仁人志士，完成我的书啊！到那时，就可以抵偿我的屈辱，即使碎尸万段我也没有什么悔恨啊！"经过二十年的磨砺，司马迁终于完成了名垂千古的《史记》。

如果司马迁一气之下，愤而自杀，我们今人又如何看得到《史记》。从古到今，凡成事者，成大事者，莫不受尽磨难，在磨难中完成自我教育，如此也水到渠成地成就了事业。

如果你的工作值得你付出代价，你就要斗志激昂地去做。面对挫折与磨难，要能把不利条件转变为有利条件。

品悟人生

人生中的挫折、失败以及磨难，只能说是某一时间、某一地点的情况，许多失败和磨难可能连着成功。如果你拒绝了失败和磨难，实际上你也拒绝了成功。

吃苦能创造一个更好的自己

"幸运看来只会降临到每天工作 14 小时，每周工作 7 天的那个人头上。"这是哈默曾经说过的一句话，哈默是这么说的，同时也是这么做的，在哈默 90 多岁时他仍坚持每天工作十多个小时的习惯。

哈默说过："我成功的秘诀就是我比别人每天多工作几个小时。"对此沃伦·巴菲特也认为，培养良好的习惯是很关键的一环。一旦养成了一种不畏劳苦、敢于拼搏、锲而不舍、坚持到底的劳动品性，则无论我们干什么事，都能在竞争中立于不败之地。古人说的："勤能补拙是良训"，讲的也就是这个道理。清末时梨园中有"三怪"，他们都是因勤学苦练成了才。

瞎子双阔亭，自小学戏，后来因疾失明，从此他更加勤奋学习，苦练基本功，他在台下走路时需人搀扶，可是上台演出时寸步不乱，演技超群，终于成为功深艺湛的名角。

另一位是跛子孟鸿寿，幼年身患软骨病，身长腿短，头大脚小，走起路来很不稳当。于是，他暗下决心，勤学苦练，扬长避短，后来一举成为丑角大师。

还有一位哑巴王益芬，先天不会说话，平日看父母演戏，一一默记在心，虽无人教授，但他每天起早贪黑练功，长年不懈。艺成后，一鸣惊人，成为戏园里有名的武花脸，被戏班子奉为导师。

大凡有作为的人，无一不与勤奋有着难解难分的缘分。勤奋能塑造伟人，也能创造一个最好的自己。

以辩才出名的罗伯特·皮尔正是由于养成了反复训练、不断实践这种看似平凡、实则伟大的品格，才成了英国参议院中杰出、辉煌的人物。当他还是一个孩子的时候，父亲就让他尽可能地背诵一些周日训诫。当然，起先并无多大进展，但天长日久，滴水穿石，最后他能逐字逐句地背诵全部训诫内容。后来在议会中，他以其无与伦比的演讲艺术驳倒他的论敌。但几乎没有人能猜测到，他在论辩中表现出来的惊人记忆力，正是他父亲以前严格训练他的结果。

我们常常说："勤奋不是天生的，而是后天养成的。人一旦有了抱负和信念，就会产生勤奋。"

马克思花了40年的心血，撰写了《资本论》。他从计划写作时起，为了避免计算上的错误，就利用“业余”“养病”“休息”等时间，刻苦钻研数学。为了详细占有材料，他仔细钻研和作过摘要的书达1500多种。写第一卷前两章，他从各种书籍中作摘要就达200多处。为了写好英国劳工法的20多页文字，他竟把英国图书馆里凡是载有英国和苏格兰调查委员会和工厂视察员报告的蓝皮书，都从头到尾读了一遍。在写作过程中，他几乎每天都到图书馆去查阅大量资料，晚上在家里常常工作到深夜。他在出外散步时总要带上笔记本，并且不时地将自己看到的想到的和他认为有用的东西都记在上面。他还常常在室内踱来踱去，一边走，一边思考，长年累月竟把门窗之间的地毯踩成了一条浅沟，好似穿过草地的一条羊肠小道。经过勤奋的学习和研究，他终于在逝世前完成了《资本论》第一卷和第二、三卷的初稿，为全世界无产阶级和全人类的解放事业做出了最伟大的贡献。

查理·帕克尔，是一位爵士乐史上了不起的音乐家。他曾经在坎萨斯城被认为是最糟糕的萨克斯演奏者。在长达三年的时间里，他的境况糟透了。他甚至连一家愿为他试演的剧院都找不到。他在逆境中拼搏，通过每天11～15个小时的刻苦练习，三年后，他的独奏变得非常轻盈，又充满惊异和勃勃生机。炉火纯青的技巧终于使他开创了一种前无古人、后无来者的音乐风格。

我们从古今中外卓越的伟人身上，都可以找到某些成功的偶然性，但他们每一个人才学广博，勤于耕作，又体现了成功的必然性。凡是能创造最好自己的人，他们的努力虽然各有不同，但他们勤而不怠的努力却是相同的。

“懒惰”是个很有诱惑力的怪物，人一生谁都会与这个怪物相遇，比如，早上躺在床上不想起来，起床后什么事也不想干，能拖到明天的事今天不做，能推给别人的事自己不做，不懂的事自己不想懂，不会做的事自己不想做……“懒惰”是人类最难克服的一个敌人，许多本来可以做到的事，都因为一次又一次的懒惰拖延而错过了成功的机会。

大家都知道一些“勤能补拙”“勤奋可以创造一切”这样的道理。

可知道的人虽多，但我们当中究竟有多少人从中受到启发呢？

我认识一位作家，她在著作里写过这样的一段话："只要有耕耘才会有收获。任何一个人的成功都有多种因素，环境、机遇、学识等外部因素固然都很重要，但更重要的是依赖自身的努力与勤奋。缺少勤奋这一重要的基础，哪怕是天异禀赋的鹰也只能栖于树上，望天兴叹。而有了勤奋和努力，即便是行动迟缓的蜗牛也能雄踞山顶，观千山暮雪，望万里层云。"

在现实生活当中，很多懒惰的人总是在花费很多精力来逃避工作，却不愿花相同的精力努力完成工作。在他们的心里，始终认为骗得过他人，其实，这种做法完全是在愚弄自己。

品悟人生

对于"勤奋真的很难吗?"这个问题，只有一个答案，那就是"不"，勤奋不是天生的，而是培养出来的习惯。

先行动才会出现好的结果

这个世界上只有行动才会出现结果。行动不一样，结果也会变得不一样。知道不去做，等于不知道。不犯错误，不一定就不会错，因为不犯错误的人一定没有尝试。错了不要紧，一定要善于总结，然后再做，一直到正确的结果出来为止。

所以不要只想不行动，只有行动才会有结果，即使行动的结果会不一样，但是总会总结出正确结果来。

如果决定了要做某事，那么一定要赶快行动，在决定后，快速地出击。而要做到知行合一，才会有结果。

美国有一家"快乐公司"，是第一家专门为 7 到 12 岁女孩子们服务的一个公司，它不仅制造了让各种肤色儿童都喜欢的"衣服"和西班牙玩具娃娃，而且还通过捆绑销售与娃娃相关的系列丛书，使学与玩相结合，变成了一种新的教育孩子的时髦。2001年，该“快乐公司”的年销售量达到3.5亿美元。

说来你可能不信，这样一个玩具业巨人，它的诞生完全凭着一个已经45岁的女人的一闪即逝的灵感。

这个“快乐公司”是罗兰在45岁时创办的，她在创办这家公司之前，曾经做过小学教师、电视台记者、教科书的撰稿人以及一本小杂志的出版商。在1984年，她和她的丈夫在参加殖民地威廉斯堡举行的一个传统活动里，在那里，她沉浸于当年的殖民地的氛围中。那时，他们坐在教堂里的高背长凳上面，回想着乔治·华盛顿曾经到过这里，派瑞克·亨利也在这里发表过一些演讲，那里的服装、家庭、每一天的生活，都给她带来了一种历史性的回味。

接下来的圣诞节，她想给自己两个8岁和10岁的侄女买个既漂亮又有内涵的玩具娃娃作为礼物，但是她没有找到，市场上的娃娃都不是她想要的那种。

也就在这突然之间，她的脑海里出现了一个想要制造娃娃的念头。于是，她立刻给最亲密的朋友写了一张明信片。它至今仍保存在“快乐公司”的档案室。“你觉得怎么样，为9岁的女孩制作一套讲述不同历史时期的书，同时配备穿着不同时代服装的娃娃，以及一些可以让孩子们演出的附属玩意儿？这并不是要做新的玩具，而是想把殖民地威廉斯堡的美好回忆微缩到孩子们一直很喜欢的书和娃娃的身上。”

罗兰在有了这个想法之后，立刻用一周的时间开始了制作一份包括系列图书、娃娃服装样式、生产线等规划的内容详尽的商业计划书，并以最快的速度开始实施。

在最初的时间里，罗兰只能小打小闹，用最节约的办法来推销，凭借邮寄广告目录和大家相传，就这样慢慢地罗兰的产品走过了4年，“美国女孩”的品牌价值也慢慢上升到了7700万美元。有了基础，罗兰开始扩大品牌，推出面向更年轻的女孩的婴儿娃娃和配套的《美国女孩杂志》等图书。在随后的5年里，“美国女孩”的营业额以每年5000万美元的速度增长，最终达到了3亿美元。

相信很多人在买不到合适的东西时，都有过罗兰同样的苦恼。买不到，就说明这个东西或是事物在市场上是个空白，就是商机所在。但遗憾的是，商机当前，却很少有人能抓住它。

有时是因为感觉迟钝，视而不见。有时是看见了，也想到了，却没有行动。

行动才有结果，这原本是简单的道理，但越简单越做不到。面对这些，很多人的理由就是等条件成熟。

一个项目，特别是大项目的实施，确实需要很多条件，做一个项目，不止是做这个项目本身，往往更多的是精力，是花费在实施项目的条件上。

于是，也就是这样，难坏了不少人，大部分人会让很多的灵感胎死腹中，让很多的项目不了了之。

因此，从某种意义上来说，生意是做出来的，如果要等到条件成熟时，那么也许永远都不会成熟。何况事情是变化的，夜长梦多，可能还没等到条件成熟，周边环境就已经变了，项目本身又面临新的问题，旧条件没有达到，新的要求又冒出来，好摊子也拖烂，烂摊子拖得更烂。

对于那些富有进取精神的一些人来说，最好的办法那就是先干起来再说，边干边寻找机会，边干边创造条件，边干边修正，边干边完善，只要大方向是对的，也许最初看起来没有希望的事，也就在做的其中发现了新机，也就会在最后取得好的结果。

品悟人生

从某种意义上来说，灵感就是事业的基础，就是一笔巨大的财富。但是要把这笔财富拿到手，最重要的就是行动。

拿第一份薪水，你不必计较有多苦

在现代职场中，有些人最关心的往往不是工作能不能做好，而是薪酬多不多。在他们的眼中，薪酬是自己身价的标志，绝不能拿得少，也不能低于别人。一旦发现自己的薪酬低于最初的预想，他们在工作中就会敷衍了事，能偷懒就偷懒，能逃避就逃避，并且振振有词：“得少干少，得多干多，给我多少钱我干多少活，公平！”这些人只知道向老板索取高额薪酬，却不知自己能做些什么，更不懂得实实在在、踏踏实实地做事，用苦干来赢得报酬。

冯元进入一家做出口玩具生意的公司上班，工作环境和待遇都让她比较满意，她很快便投入工作中。

在几位老同事的指导下，冯元的工作做得很让老板满意。但一个月后，冯元发现公司里她学历最高，工资却是最低的，干的事也不少，她感觉很不平衡。

老板发现冯元工作有情绪，就找她谈话。得知原因后，老板告诉她只要她工作做得好，公司绝对不会亏待她。但冯元要求老板要么提高她的月薪，要么多拿提成。

老板解释说，冯元的薪酬是按照职位定的，这是公司的制度，不能随便更改，况且冯元是新人，刚进公司没有工作经验，还需要老员工带带，在冯元没给企业创造出效益之前，不能提高薪酬。

最终，老板没有做通冯元的工作。一个月后，老板没有给冯元加工资，也没有给她多拿提成。

冯元很气恼，决定吓唬吓唬老板，于是，她给老板递交了辞职信。冯元的本意是，自己的能力老板是认可的，况且公司很难找到像她这样专业对口的员工，便佯装辞职逼老板给自己加薪。

但让她意外的是，老板接受了她的辞呈。

老板的态度让冯元后悔莫及，为了继续能在公司上班，他找到老板，向老板道了歉，准备要回辞职信。老板对她说：“在我看来，能证明你身价的也不是薪水，而是你做事的态度和能力。这是你的第一份薪水，但你收获的不仅仅是薪水，不管是多少，我希望你能无条件接受。”

宽厚的老板最终原谅了冯元。

作为一名优秀的员工，是不会狭隘地把薪水放在第一位的，而更愿意将工作视为一种积极的学习经验的过程。他们更看重工作背后品格的塑造和能力的提高，而发掘出每一项工作中所包含的人生成长机会，有时单凭干多干少是发现不了的。

看待工作的眼光要放远一点，薪酬一时的谁高谁低并不能说明什么。如果努力，有时你会发现第 6 年的收入会是此前 5 年薪水的总和。如果这样去思考，刚毕业的那几年，我们攀比薪水便没有太多的意义了。

无可厚非，人们第一份工作遇到的焦点问题无疑是薪水问题。如果一个人太看重第一份工作的薪水会有害职业前途。

安·莫尔从商学院毕业后曾经有许多选择，但她最终还是选择了其中待遇最低的时代集团。她说："虽然有许多助学贷款要还，但我还是选择了这份工作，因为我喜欢杂志。当时我的同学没有一个人能理解我为什么会这样做，但 25 年后我们再次重聚的时候，他们彻底明白了。"同学重聚的时候，安·莫尔已经是时代集团的主席兼 CEO 了，成为了"杂志女皇"。她还说："你不能单凭赚钱多少来选择自己的职业。我当然希望能多赚钱，而且这份工作也的确给我带来了不错的收入。但如果只是按照赚钱数量来选择职业，我很可能会踏上一条完全不同的职业道路。"

一个人，如果选择自己心爱的工作，并想在这个行业有大的发展，不妨把薪水看淡些，因为现实中完美的事很难发生。为了追求自己真正热爱的事业，许多人甚至会在职业生涯刚开始时便拒绝许多高薪工作，这样的人最终会成为真正的赢家，无论是从心理满意度还是从物质待遇上来说都是如此，因为在做自己喜欢的事情时都会比较容易成功。

因此，在选择第一份工作时，千万不要把金钱看得太重。有时一个职位可能没给你提供很高的薪水，特别是在毕业时找的第一份工作，但如果在这个职位上能够学到东西，从做人做事各方面能够给你补充"营养"，就不应放弃，哪怕是最基础的入门工作。

有人曾把职业生涯比做一场体育比赛，有初赛、复赛、决赛。第一份工作无疑属于初赛阶段。初赛时，大家都刚进入社会，大多数是实力一般的人。这时候努力一点，认真一点，苦干一点，很快就能脱颖而出。于是有的人20多岁做了经理；有的人迟一些，30多岁成了经理，赢得了初赛。接下来是复赛，这时单靠一点点努力和认真还不够，还要学会苦干。

所以，如果把第一份工作看成是初赛，多吃点苦算什么？我们不应该计较自己的第一份薪水和吃苦的不成比例。

1994年，唐骏卖掉自己的公司加入微软，成为一个打工者。当时，唐骏拥有的公司都在赚钱，他的决定遭到了全家人的反对。

当时的情况是，小两口刚刚过上了好日子，小生命在孕育，唐骏的父母也到了美国全家团圆——32岁的唐骏和30岁的孙春兰，终于过上了安稳幸福的生活。结果唐骏竟然要关掉公司搬到西雅图，去微软做一个普通的软件工程师，而年薪只有5万美元，只有他当老板时所赚的一个零头。

唐骏对妻子说："我们的公司现在主要是以给日本的软件公司做外包为主，你在日本的时候也知道，日本人对微软有多么崇拜。前几天我跟客户无意中说起我要去微软总部面试，他们竟然都很崇拜我，觉得世界上最优秀的软件高手才有机会去微软工作。而且他们说，我去了微软，可能会把单给我做，而且是比以前更大的单。所以，我去微软就是镀金去了。两年以后我再出来，那就是有金字招牌的软件工程师，到时候接单就更容易了……"

唐骏就这样把孙春兰给说服了。唐骏后来总结说，这是他生活中最得意的一次沟通。当然后来他进入微软，踏入职场生活，他的沟通谈判潜能完全施展开来，几乎是无往而不利的。主要有两个原因，一是他态度正确，从来都是和颜悦色，两个人坐下来把问题摊开来心平气和地说明白、讲清楚；第二是目的正确，沟通的最终目的是大家达成共识，把事情做好，而不仅仅是为了某个人的个人利益。只要坚持这两点原则，那还有什么问题不能解决呢？

随后，一家人都随他去了西雅图，唐骏也加入了微软公司做程序员。他们在西雅图买了他们的第一所房子。对于唐骏来说，加入微软是他人生最重大的一个转折点。从此，他走上职业经理人的道路——这也是一条指引他走向成功的道路。

从一个成功的老板到打工者，在一般人看来，这是个吃亏的买卖，但唐骏做了。如果唐骏太注重自己的收入多少，可能就不会有“打工皇帝”的传奇，更不会有“盛大”的辉煌。所以，要做大，就一定要敢于“做小”。成功首先需要弄清楚自己想要什么？大多数人大概没想过这个问题，唯一的想法只是——我想要一份安逸的工作，我想要一份不错的薪水。我们知道大多数人都希望能得到更高的薪水，但在你获得高薪水之前，一定要做好选择，明确自己到底需要一份什么样的工作，千万不要让薪水和吃苦的比例问题绊住了前进的脚步。

品悟人生

不要看工作有多苦，要看这份工作在未来能带给你什么样的回报。所以，在工作和薪水之间做选择时，要将目光放长远一点，切勿只看重眼前的利益，最终捡了芝麻，丢了西瓜。

多做多得，吃苦也能占便宜

生活中存在着这样一条伟大的定律，即“多做多得”定律。它告诉人们，只要你有所付出，就一定会有所收获。一分耕耘一分收获，如果你还没有收获，那表明你做得还不够多，苦吃得的还不够多。

要想在平凡的岗位上发出做出不平凡的业绩，唯一的方法就是付出。通俗地讲，就是你每天要做的比别人多，不要在乎所谓的公平竞争，有时候，你还需要苦干，甚至是多吃亏。每天比别人苦干多一点，并且天天坚持下去。

李千桦看中了一家中德合作的外企公司。为了能进入这家企业工作，李千桦做足了准备，耗费了不少精力才挤进这家公司。他想只要自己进入了这家公司，以后一定可以大展宏图。

李千桦认为，多做就会多出错。因此，他在公司里，尽量少做事、少说话。工作中谨小慎微，但是尽管如此，李千桦最后还是因为一件小事被解雇了。

那是公司举行一个新产品推广会的前一天，已经快要到下班的时候，老板把新产品性能介绍书的策划及装订任务，给了策划部门，要求他们在今天必须做完。正好此时的李千桦在策划部办事，老板顺口说了一句："小李呀，你要是不忙的话，留下来帮个忙，帮助同事们把打印完的材料排好顺序，然后装订在一起。"当同事们都在忙得不可开交的时候，李千桦在一旁拿起了一本杂志看了起来，心想老板只叫我做帮忙装订，没叫做干别的，况且这也不是本部门的事情。大家都忙得焦头烂额，李千桦却是一副事不关己的样子，心想就算任务没有完成，责任也是由策划部来承担。

可是，当策划材料打印出来，放在桌子上堆积成山的时候，李千桦还没有开始动手装订，依旧悠闲地看着杂志。这时，正好老板下班路过策划部，来看看工作的情况，可是看到李千桦在一旁悠闲地看着杂志，气愤地道："你如果觉得这些活跟你一点关系都没有的话，那你就下班吧！"老板之所以生气，是因为介绍材料相当多，并且要赶在明天之前完成，再看看李千桦不愿多做一点事情，非常不高兴。

展会开完的第二天，人事部的经理通知李千桦交接工作，李千桦就这样被解雇了。李千桦开始不知道被解雇缘由，人事部的经理向他透露了真相：这是老板的意思，今早公司开会，老板特别点名要解雇你，还说像你这样在公司一点多余的事情都不愿做的人，公司养不起。

李千桦一下清楚了原因，心里十分懊悔，只好重新去找一份新工作了。

李千桦之所以丢掉了一份好工作，原因就是不愿吃苦。在公司中，对于你职责范围以外的事你可以没有义务去做，但是如果你主动多做一些事情，可以鞭策自己快速前进。

其实，多做事是一种非常可贵的素养，也会让你变得更具挑战性，更加积极。因为，无论你身在何方，“苦干”的态度不会降低你的身份，反而会让人们更关注你、信赖你。

林涛现在已经是公司的部门经理了，当初的他仅仅高中毕业，没有能力也没有技术，只是一个普通的打工者。每当他回忆起当年被老板提升的原因时，他都十分感慨：“我的成功不是因为别的，就是因为我每天做得比别人多，甚至是一些举手之劳的小事情。当初来到公司时，由于自己什么都不会，只能在工地上做些重体力劳动的活。突然有一天天即将要下一场大暴雨，我想到还有一批新进的材料放在露天的工地上，材料中有沙子和水泥，一旦沾上雨水，肯定失去了作用。工地上的材料保管员是一个老者，此刻一定忙着抢救沙子和水泥，可他一个人肯定忙不过来，万一材料坏了，不仅公司会遭受损失，而且保管员肯定要受到处罚！于是，我什么也没想朝工地奔去，远远地就看到保管员正非常吃力拽一块大塑料布。

后来在我和保管员的齐心努力下，终于把沙子和水泥全盖上了，一切易损的建筑材料也收起来的时候，老板开着车赶到了，看着我和保管员已经淋成了落汤鸡，而建筑材料却安然无恙。老板问了我姓名，然后高兴地离开了。没过多久，老板找到我，让我负责工地的质量监督，还说用我这样的人放心。就这样，我一步步做到了现在的位置。”

林涛的升迁其实就是因为他为公司多做了事，为公司减少了一场不必要的损失。如果你是一个老板也会任用像林涛一样时刻愿意为公司多做事的员工。

一个能够多做事的人，是一个能够懂得苦干的人，全心全意为了工作，另外，多做一点不仅播下了你加薪或晋升的种子，而且你能从中学到更多，积累更多，以使自己更强大，走向更高的层次。

每天苦干，是一个聪明人的选择，因为他把“多做多得”运用到了实际中，而那些每天只想少做，总想对工作投机的人，是很难把握住这一法则的。所以，你想出人头地，“每天多苦干一点点”是你必备的素质，一种心态、一种精神、一种良好的习惯。

品悟人生

也许多做一些事情，可能你会觉得不公平，凭什么我要比别人做得多，但是你要相信你在某些方面多做一些，你在另一方面就会多得到一些。

能吃苦才能做成事

苦难的生活对人来说是一种磨炼，是锻炼一个人意志品质的重要方式，同样也是培养人们具有远大的人生志向和浩然正气的途径。能够忍受住苦难生活的磨练，人在人生道路上遇到任何艰难险阻就不会害怕了。

宋濂，明朝初年浦江人。承旨知制诰。主修《元史》，参加了明初许多重大文化活动，参与了明初制定典章制度的工作，颇得明太祖朱元璋的器重，被人认为是明朝开国大臣之中的佼佼者。

宋濂年幼的时候，家境十分贫苦，但他苦学不辍。他自己在《送东阳马生序》中讲：“我小的时候非常好学，可是家里很穷，没有什么办法可以寻到书看，所以只能向有丰富藏书的人家去借来看。因为没钱买不起，借来以后，就赶快抄录下来，每天拼命地赶时间，计算着到了时间好还给人家。”就是这样他得到了丰富的学识。

有一次天气特别寒冷，冰天雪地，北风狂吼，以至于砚台里的墨都冻成了冰，家里穷，哪里有火来取暖？宋濂手指冻得无法屈伸，但仍然苦学不敢有所松懈，借来的书坚持要抄好送回去。抄完了书，天色已晚，宋濂只能冒着严寒，一路跑着去还书给人家，一点不敢超过约定的还书日期。因为他守信，许多人都愿意把书借给他看。他因此能够博览群书，增加见识，为他以后成才奠定了基础。

到了20岁，宋濂成年了，就更加渴慕圣贤之道，但是也知道自己所在穷乡僻壤缺乏名士大师，于是他不顾疲劳常常跑到几百里以外的地方，去找自己同乡中那些已有成就的前辈虚心学习。后来他觉得这样学习不是长久之计，于是就到学校里拜师学习。一个人背着书箱，拖着鞋子，从家里出来，走在深山之中，寒冬的大风，吹得他东倒西歪，数尺深的大雪，把脚下的皮肤都冻裂了，鲜血直流，他也没有知觉。等到了学馆，人几乎冻死，四肢僵硬得不能动弹，学馆中的仆人拿着热水把他全身慢慢地擦热，用被子盖好，很长时间以后，他才有了知觉，暖和过来。

为了求学，宋濂住在旅馆之中，一天只吃两顿饭，什么新鲜的菜，美味的鱼肉都没有，生活十分艰辛。和他一起学习的同学们一个个华服奇丽。但是宋濂不以为那是什么快乐，丝毫也没有羡慕他们，而是穿着自己朴素无华的衣服，不以为低人一等，不卑不亢，照样刻苦学习，因为学问中有许多足以让他快乐的东西，那就是知识。他根本没有把吃的不如人、住的不如人、穿的不如人这种表面上的苦当回事。正是宋濂能忍受穷苦，自得其乐，终成就一番事业。

在现实生活中，遇到一点困难就叫苦连天的人是不会有出息的。

品悟人生

苦与甜是相对的，它们之间有着必然的联系。因此，只有先吃苦，或者能够吃得下苦的人，方能享受到成功的香甜。

每天多努力一点点，吃苦是一场翻身仗

成功不是靠一步登天，而是靠一步一个脚印走出来的，是经过长年累月的行动与付出累积起来的。虽然，任何人都会有所行动，但成功者却是每天坚持多做一点点，多付出一点点，所以他们比别人早成功。

成功与不成功之间的距离，并不是大多数人想像的那样是一道巨大的鸿沟。成功与不成功的差别只在于一些小小的动作：每天花5分钟阅读、多打一个电话、多努力一点、在适当时机的一个表示、表演上多费一点心思、多做一些研究，或在实验室中多试验一次。

有一位老人，博学多才，曾经是一所大学的教授，后来退休了，便在家里养养花或外出去，到其他地方散散心。

有一次，我到老人那儿去，他问我是否了解建筑的全过程。

我告诉他：“不知道。”

老人笑着对我说：“如果每天花五分钟的时间阅读相关资料，那么，我相信5年内你就会成为建筑领域中深具权威的人。”

后来，我每当想起老人给我说的这句话时，就觉得这番话真的道出了许多人生哲理。

我们大多数人都看不起几分钟的时间，不愿意每天花5分钟的时间（与5个钟头的时间相比实在是少之又少）使自己努力成为自己理想中的人。

其实，在我们生活当中，70%的时间都是在混日子，很少有时间从事自己真正想完成的目标。直到最后才发现，我们虚度了大半生，然后剩余的日子又在病痛中一点一点地流逝。

在实践理想时，你必须与自己做比较，看看明天有没有比今天更进步——即使只有一点点。

有一个推销保险的推销员，连续好几年都在公司排名第一，他每天工作到晚上回家都看到他的书桌前面贴的一句话：“今天你还需要再找到一个潜在的客户才能回家睡觉。”于是，他又跑出去继续找他新的潜在客户去了。

每天多做一点点，不是坏事而是好事，没有人会说你多事，就算有，你也可以完全当做没听到。因为你追求的是你的目标，你的快乐和幸福。对于任何人来说，如果你没有义务去做你职责之外的事，那么你可以自愿去选择做，或者想办法让自己养成一个多做一点点的习惯以鞭策自己快速前进。率先主动是一种极珍贵、备受看重的素养，它能使人变得更加敏捷，更加积极。因而，无论你是管理者，还是普通职员，“每天多做一点”的工作态度能使你从竞争中脱颖而出。你的老板、委托人和顾客会关注你、信赖你，从而给你更多的机会。

曾经有位记者采访一位大名鼎鼎的汽车业名人，当被问及是什么秘诀使他在这么年轻的年龄就做出这么惊人的成绩时，这位名人说：“其实秘诀只有一个，那就是——每天多做一点点。”原来，这位名人也不是天生就年轻有为的，他刚工作的时候也和许多人一样笨手笨脚，但他不同于别人的地方就是每天多做一点点：当别人急着下班归心似箭时，他还在办公室埋头苦干；当别人为一个问题争论不休时，他却悄悄回到自己的位子做自己的工作。当所有的多做一点点积累起来时，他离成功也不远了。

卡洛最初为杜兰特工作时，职务很低，而且薪水也不高，经过他的努力奋斗，他成为了杜兰特先生的左膀右臂，并且得到杜兰特的重用，让他担任其下属一家公司的总裁。有很多人问过卡洛，他为什么能很快得到成功，他说了这样的一段话：“我成功的秘密就在于每天多干一点，在为杜兰特先生工作之初，我就注意到，每天下班后，所有的人都回家了，杜兰特先生仍然会留在办公室里继续工作到很晚。因此，我决定下班后也留在办公室里。这样，在杜兰特先生工作的时候，他总会让我给他找文件、打印材料，一开始这些工作都是他自己亲自来做，由于我的出现，这些事很快都成了我的事，杜兰特先生也逐渐养成招呼我的习惯。对于我来说，这些事的确没有人要求我做，但是我认为我应该去做，在杜兰特先生需要我的时候我去做。”

卡洛的做法虽然没有获得加薪，但是他比别人多了许多成功的机会。因为卡洛的存在，杜兰特可以随时看到他，由于卡洛诚心的为杜兰特服务，所以渐渐的养成了杜兰特先生召唤他的习惯。就这样，他为自己赢得了杜兰特的关注，最终获得了提升。

"驽马十驾，功在不舍"，命运不会亏待一个矢志不渝者。成功最欣赏那些默默无闻的耕耘者。假如人与自然界一样有春华秋实的话，那么能每天努力一点点的人，一定能品尝到金秋的琼浆玉液，享受大地赐予的丰收喜悦。

品悟人生

绝大多数人的智力都相差不多，真正的天才与愚者都是极少数，然而这些人工作数年后，有人出类拔萃，有人却碌碌无为，其最根本的差别就是能否坚持"在其位、谋其政、成其事"。

不放过干小事，是干好大事的基础

人的一生是由许许多多的偶然的和必然的事件组合而成，有时一次偶然的事件会使某个人富有起来，有时一次偶然的事情会使某个人变成了穷人。

在常人看来，富人总是和大事件联系在一起，穷人总是和小事件联系在一起。有的人一辈子也不会做成一件大事，但是，无论穷人还是富人，都会和一件又一件的小事发生关系。因此说，小事情是人一生中最基本的内容，聚焦小事，必能升华你的人生。

大事件是可遇而不可求的，小事情却每天都在发生。顺利、妥帖而又快乐地去处理一件小事是容易的，但每天都能顺利、妥帖而又快乐地去处理每一件小事却是十分困难的。如果一辈子都无怨无悔地、谨慎小心地，愉悦欢快地去处理一件又一件小事，那大概要比做一件大事还要难。

大事能考验一个人的智慧、才能和品格，小事也能。如果每一件小事都做得漂亮、舒心，那你也能得到极大的快乐和对自我的肯定。古人说得好，小事虽然微不足道，但不做也是不能富有的，那些常常游手好闲的人，他的成就肯定不会超过常人多远。古人还说，忽视小事，专做大事的人，他的成就往往不如做小事的人。这是什么原因呢？因为小事来得频繁，办事所花的日子也多，积累起来数量也就会很大；而大事来得稀少，积累起来数量也就自然小了。

栽什么树苗，结什么果子；播什么花籽，开什么花儿。人积累耕耘的经验多就会成为农夫，积累砍削的经验多就会成为工匠，积累贩卖货物的本领多就会成为商人。这种积累，既是痛苦的，又是快乐的。

美国社会工作者海伦·凯勒的老师安妮·沙利说过，人们往往不了解，即便是要取得微不足道的成功，也必须迈过许许多多蹒跚艰难的脚步。

你希望一口吃个胖子，希望夺取财富就像迈一下脚步那样简单，你或许常常这样幻想："我真希望自己是个完美无缺的人。假如我有好的天资，是个大智者的话，我就会干什么事情都永远不会失手，我会马上把吸烟、赌博的恶习戒除掉。"

这是幼稚的懒汉的富有逻辑。你以为富有者都是有遗传得来的天赋，有把事情做得尽善尽美的诀窍？按这种逻辑，富有者每做一件事情都是轻松愉快的，易如反掌的。懒汉们认为，富有者都是无师自通的天才，学了第一课，就能够一下子成为专家。你这种"马上如愿"的思想，是导致失败的大敌。

毫无疑问，那种希望"马上如愿"的人还是存在的，像婴儿。婴儿都是要求父母即刻满足他们的意愿的。他们一想撒尿，不管是在大人怀里还是睡在床上，即刻就把衣服尿湿、被子尿湿。对婴儿的这种行为，父母无可指责，并不会对婴儿提出从发育来说不现实的要求。不幸的是，如果你一生当中总保持着这种马上如愿的要求，那么，你要走向富有是不可能的。

举个例子。你是一个抱着"马上如愿"思想做事的人，你决定当一个画家，你期望自己一下子就能画出像达·芬奇《蒙娜丽莎的微笑》那样的杰作，期望自己一夜成名。但你不知道自己是该先画蒙娜丽莎的秀发还是先画蒙娜丽莎的额头，你便会认为绘画很艰难，情绪陡变，顿时扔掉画笔，长叹创作之难。因为你相信的是：如果一个人有出息，有才干，想要做什么事，都能一下子如愿以偿，用不着像达·芬奇那样天天画鸡蛋苦苦地做单调乏味的努力，用不着一点点地积累经验，用不着总费很多时间去锻炼基本功。这种想法，终将会把你抛入失败的谷底，不堪回首。

品悟人生

上天就是这样捉弄人，你越希望即刻如愿的，越难以即刻如愿。富有，不是直线，而是曲线。富有，是一个缓慢的积累过程，缓慢的学习过程。攀登珠穆朗玛峰，需要从脚下第一步开始，没有一下子就能跃上山顶取得成功的。

今天的磨难就是明天的财富

成功永远只是少数人的事，因为只有少数人才有克服困难的能力。人是环境的动物，但无论环境如何，始终认为自己一定能成功的人最后一定会成功。这与要想破茧成蝶，经历许许多多的磨难是一个道理。

许展堂，是一位被称为“80 年代冒起的新星，90 年代举足轻重的生意人”和“香港新一代富豪中的佼佼者。”然而他被人们所关注，不过是近几年的事。1993 年的春天，第八届全国政协会议召开，他被任命为全国政协常委的高层职务，这使他在人们眼中又增添了一些传奇色彩。

许展堂出身于富豪之家，生活衣食无忧。但是在他 13 岁时，情况突变。父亲的生意失败，没过多久又染上了肺痨去世，小展堂的生活从蜜罐掉进了苦海。当时他刚读完小学，只好被迫放弃读书，提前进入社会谋生。提起没有机会读书，他至今还心存遗憾。

年少的许展堂不得不涉足社会，面对人生。他曾从事过多种低微的职业，他卖过云吞面，也曾为商店翻新旧招牌，被安排打更等。这段光阴，是他一生中最为艰难的时间。

生活的艰辛，没有消磨他的意志，反而激发了他的斗志。他不甘心久居人下，白天辛苦地工作，晚上则去上夜校进修，学英语，阅读大量的历史书籍和名人传记，从中汲取伟人们的思想精华。

他坚信自己会成功。他凭借着自己的努力奋斗，渡过了一个又一个难关，抓住有利时机，拼搏奋斗，终于成为了同辈中的佼佼者。他在困难面前所表现出的坚定信念，对我们每个人都是有益的启示。

在通往成功的路上，一个绝境就是一次挑战。如果你不是被吓倒，而是奋力一搏，也许这些挑战就会成为你成功的阶梯，也许你会因此而创造超越自我的奇迹。

张海迪 5 岁时因患脊髓病导致高位截瘫，自第二胸椎以下全部失去知觉，但她凭借着顽强的毅力自学英、日、德语和世界语，她还自学各种医学知识，为群众治病。她在遇到困难时，也从没有想过要逃避。因为她知道，她没有放弃生命的权利。坚强使她成为人们心目中的楷模，她也因此成了一个奇迹。

张海迪没有把一切的不顺归之于命运。在命运的挑战面前，张海迪没有沮丧和沉沦，没有为自己身体的残缺而感到自卑。她以顽强的毅力与疾病作斗争，经受住了生活的严峻考验，生活的磨难使她对人生充满信心。

俗话说得好，没有过不去的坎。人凭着顽强的信念可以激发自己的勇气，加强意志，完成工作，或是作为情绪低落时的一种自我安慰。

在困难面前，我们要有必胜的信心，不要因为自己缺乏成功的信心而不敢面对困难。大凡成功者，他们现在的成功都是奠基于过去的生活的磨炼。

我们应该相信，风浪后面将是平静的海洋，坎坷后面将是平坦的大道。有时成功与失败的区别仅仅是：成功者走了一百步，失败者走了九十九步，成功只比失败多走了一步而已。

成功和失败都不是一夜造成的，而是面对困难逐步积累的结果。

因此，我们必须对人生道路上的曲折和困难有充分的认识和思想准备。由于人们的世界观不同、认识水平的不同以及所处的客观环境的不同，形成了各自独特的人生之路。但是不管人们的人生道路有何不同，有一点却是共同的：绝对笔直而又平坦的路是不存在的。因为，事物的发展是螺旋式或波浪式的发展过程，所以，人生道路的延伸也是直线和曲线的辩证统一。因此，当你在遇到困难和身处逆境时，不要茫然不知所措、灰心丧气，也不要因一时的挫折而轻言放弃。

品悟人生

如果你希望成功，就要以“恒心”为良友，以“经验”为参谋，以“小心”为兄弟，以“希望”为哨兵。对自己面临的一切困难，好好的经营他们，终将会渡过难关，走上坦途。

第三章

把当下的事做好，脚踏实地最重要

一粒种子，如果不在坚硬的泥土中挣扎一番，它永远只是一粒干瘪的种子，不能发芽长成一株大树。一个人事业的起点，往往从零开始，苦干是人生从零走向成功的敲门砖，所以，不论你有多大的才华，要是不懂得从基础做起、一步一步地朝着目标前进，其人生很难有什么转机。

做人不要犯眼高手低的毛病

“千里之行，始于足下”，要想成就大事就必须要从小事做起，眼高手低是定位的大忌，只有脚踏实地才能把梦想化为现实。

郭英毕业于某大学外语系，她一心想进入大型的外资企业，最后却不得不到了一家成立不到半年的小公司“栖身”。心高气傲的郭英根本没把这家小公司放在眼里，她想利用试用期“骑马找马”。

在郭英看来，这里的一切都不顺眼——不修边幅的老板，不完善的管理制度，土里土气的同事……自己梦想中的工作可完全不是这么回事啊。“怎么回事?”“什么破公司?”“整理文档？这样的小事怎么让我这个外语系的高材生做呢?”“这么简单的文件还得我翻译吗?”“就一篇小报告而已，为什么自己不写要我帮忙呢?”“噢，我受不了了!”

就这样，郭英天天抱怨老板和同事，双眉不展、牢骚不停，而实际的工作却常常是能拖则拖，能躲就躲，因为这些“芝麻绿豆的小事”根本就不在她思考的范围之内，她梦想中的工作应该是一言定千金的那种。呵，梦想为什么那么远呢。

试用期很快过去了，老板认真地对她说：“我们认为，你确实是个人才，但你似乎并不喜欢在我们这种小公司里工作，因此对手边的工作敷衍了事。既然如此，我们也没有理由挽留你。对不起，请另谋高就吧!”

被辞退时郭英这才清醒过来，当初自己应聘到这家公司也是费了不少力气的，而且，就眼前的就业形势，再找一份像这样的工作也是很困难的。初次工作就以“翻船”而告终，这让郭英万分失望与后悔，可一切都已晚矣！

而现实中有些人则不同，他们也有很高的梦想，但他们不会每天都深陷于幻想中难以自拔，他们从即刻的工作开始做起，从一点一滴的小事做起，并毫不松懈地坚持下去。他们知道除非是他们努力把事情做成，否则什么也不会发生。就这样，他们一步步地默默努力着。终于有一天，他们晋升成为公司的骨干，可能所有人都不禁会大吃一惊，但仔细回想，这一切其实纯属正常，毕竟天助自助者。梦想对于他们，已经变成了活生生的现实。

李妍大学一毕业就去了南方，然后顺利地在一家跨国公司找到了一个职位。

上班的第一天，李妍就发誓要让自己成为公司里的不可或缺者之一。

李妍负责的工作是档案管理，很快她就发现了公司在这方面存在的弊端。她开始连夜加班，大量查阅资料，运用所学的理论知识写出一份系统的解决方案，并将公司内部工作运行流程、市场营销方式以及后勤事务的规范，也整理出一套完整的方案，然后一并发到行政经理的电子信箱中。没过几天，行政经理就请她到公司的餐厅喝咖啡，离开时语重心长地拍了拍她的肩头：“公司对勤奋的人，向来是给予足够的空间施展才华的，好好努力。”

李妍更加勤奋地努力工作。公司想竞标一个大商厦周围的霓虹灯方案，同事们整天翻案例找朋友，忙得焦头烂额。李妍白天做自己分内的工作，晚上却通宵不眠熬红了眼做方案文书。竞标前一天交方案时，李妍去得最晚，行政经理不解：“你们部门已经交来了。”李妍充满信心地看着他说：“这是不一样的！”竞标的当天，各种方案一下子被否决掉好几份，公司高层开始紧张，决定试试李妍的方案。这一试让李妍为公司立下了汗马功劳。

第二天，消息就传遍了整个公司，大家都知道了人事资料管理科有个叫李妍的人很出色。

一个月之后，公司人事大调整，原来的部门经理调去别的部门，新来的行政任命文件上赫然印着李妍的名字。在同事们复杂的眼光里，李妍收拾好自己的东西，走进了豪华的办公室。

想一想你周围的人们，像郭英或者李妍这样两种截然不同的人应该都不在少数。也许你会对那些刚开始豪情万丈的人充满由衷的向往，忍不住在心中勾画起自己的蓝图来。这样做是没有错，每个人都应该有自己的理想，但理想一定要切合实际，更重要的是，你要做好行动的计划和准备，要通过自己的努力实现理想。因此，那些像蜜蜂般踏实努力工作，并取得了一定成绩的人才是真正值得我们去学习的。做事情，只有空想是不行的，如果每天都沉浸在自己的梦想中，以至于耽误了正常的工作，想做的做不到，该做的又不去做，这样的人是不会获得成功的。

当人们抱着过高的目标接触现实环境时，会感到处处不如意，事事不顺心，于是就整天地抱怨。其实在做事时，你首先要做的是根据现实的环境调整自己的期望值，即使你给自己定位很高，但做起事来要现实一些，这样容易达成目标。

品悟人生

千里之行始于足下，只有辛勤耕耘才会有所收获。再宏伟的梦想，也经不住只说不做；因此做事一定要脚踏实地，坚决杜绝眼高手低。

吃他人吃不得的苦，做力所能及的事

胡适有这样一个比方：一个有做诗天才的人，不进中文系学做诗，而偏要去医学院学外科，那么，文学院便失去了一个一流的诗人，而医疗界却添了一个三五流的外科医生，这是国家的损失，也是他自己的损失。这真是一个绝妙的比喻。从胡适先生的话中我们不难悟出这样一个道理：做力所能及的工作才是自己最好的选择。你是一个厨师，那么最佳的工作岗位是灶台，让你上T形台，你一定走不好猫步，走不出专业模特的风采。所以，成功首先是个实干家，实干家往往会做力所能及的事。

这是一个发生在法国的故事。

哈斯曼大学毕业后在银行上班，不久的一天，经理把他叫到办公室，对他说："哈斯曼，我看了你的工作情况，你没能按照我们的要求去做好。"

"我一直很努力的。"哈斯曼道。

"问题就在这里，"经理说，"你一直很努力，但收效甚微。这份工作看来你有点力不从心，再做下去，恐怕你就浪费时间了。"

哈斯曼用双手捂住了脸："那样我爸爸妈妈会难过的。他们一直以我获得这份体面的工作而骄傲。"

经理用一只手抚摸着哈斯曼的肩膀。"人的才能各不相同，工程师不识简谱，或者音乐家背不全九九表，这都是正常的。但每个人都有特长——你也不例外。终有一天，你会拥有一份适合自己特长的工作。到那时，你的爸爸妈妈也会为你骄傲的。"

此后，哈斯曼再没去银行上班。由于工作难找，大学毕业的哈斯曼只好找了一份替人修剪园圃里的花草的工作。不久，人们开始注意到，凡经哈斯曼修剪的花草都非常的繁茂美丽，经他布设的花圃无不令人赏心悦目。

一天，哈斯曼经过市政厅，他注意到市政厅后面有一处污泥浊水，满是垃圾的场地，他走进市长办公室对市长说："市长先生，你是否能答应我把这个垃圾场改为花园？"

"市政厅没有这笔钱。"市长说。

"我不要钱，"哈斯曼说，"只要允许我办就行。"

市长很惊异，他从政以来，还不曾碰到过哪个人办事不要钱呢！于是，他批准让哈斯曼来处理这块空地。

第二天，哈斯曼拿了工具，带上种子、肥料来到目的地。

"市政厅后面的垃圾场要变成花园啦。"消息很快传遍了小镇。一些热心的市民给他送来树苗；也有一些相熟的顾主给他送来了玫瑰插枝。小镇一家最大的家具厂居然表示要免费承做公园里的条椅。

不久，市政厅后面的垃圾场就变成了一个美丽的公园，绿油油的草坪，弯弯曲曲的小路，人们坐在崭新的条椅上能听到鸟儿在唱歌。全镇的人都在说，哈斯曼办了一件了不起的事。最让哈斯曼想不到的是，人们通过这个小小的公园看到了哈斯曼的才干，一致公认哈斯曼是一个天生的园艺家。

后来，哈斯曼建立了一个园艺设计公司，他的业务扩展到周边的几个城市，生意红火极了。

也许你会认为这是一个平淡而老套的故事，但就是这么一个小故事，告诉了我们一个很深刻的道理——一个人干什么并不重要，关键是干你适合的事，做自己力所能及的事，这样，你就会成为成功的人。

2002年，胡玉宝大学毕业，他的很多同学毕业后都走进大都市找工作，而毕业回到家乡的胡玉宝报考了安徽六安市首批大学生村官考试，并分配到离家不远的所在村村委会工作，分管新农村建设工作。

村民都说，胡玉宝亏了，选择了一个既没钱又没权的职业，因为进村当村官，工资又低，家里又没有“后台”，能混个村长就不错了，再往上升迁比登天还难。

对于自己的选择，胡玉宝没有太多的遗憾，他认为，自己就是农村人，又是大学生，胡玉宝觉得自己到基层农村工作绰绰有余。

可事情并不像胡玉宝想象的那样容易，刚到村里，他连“芒种、春分”都分不清楚，许多农作物也都叫不上名字；村里讨论农事、处理村民之间的纠纷他也插不上话，感觉工作很吃力！

可是，倔强的胡玉宝不服输，他想到，既然大事做不了，小事又做不好，那就放下大学生的“架子”，从自己力所能及的事做起，从小事去历练自己。

于是，在村干部的帮带下，他走进田间地头，经常和村民拉家常、请教农事、熟悉村里的大小事情。村民小组有几户人，村里又几户空巢老人……胡玉宝把自己所在的村情村貌牢记于心。当胡玉宝把自己能做的事都做了以后，突然发现工作不再那么吃力了，对村里的很多事也能提出一些有价值的意见来。

胡玉宝大学学的是农林专业，为了在新农村建设中学有所用，让自己的所学为村民带来好处。在实地考量后，他亲手为村里环保沼气池等一些村里新建项目设计草图，给村民节省了一笔设计开支！

很快，村民们觉得，眼前这位乳臭未干的小伙子，成了他们最好的村官。

更让村民意想不到的是，2008年，由于工作突出，胡玉宝被县里破格选派到镇里任副镇长，他也成为了县里最年轻的科级干部。

“俯下身子做人，从做力所能及的事做起，扎扎实实地走好村官的每一步！”这是胡玉宝在自己的民情微博中写下的一句心里话。或许就是这句话，让胡玉宝迅速成长为一个年轻有为的干部。

在短短的三年时间里，胡玉宝从一个初出茅庐的大学生成长为副镇长，很大原因就是他放下大学生的“架子”，从力所能及的事做起，并做好了自己能做的事和该做的事。有些人打拼很多年，总觉得工作很苦很累，得不到升迁，其中原因之一就是你只有十分的能力，却总想着做十二分能力的事情，所以眼高手低的人很难做出显著的成绩来。

品悟人生

你要问问自己：我要成为一个什么样的人，该做什么样的事。不怕工作卑微，也不要在乎收入少，更不要担心没有升迁的机会，因为，你只要埋头把力所能及的工作做好，就会有高收入，就会有高职位。

埋头苦干，卑微也会变成高尚

一个人要想把工作做好，要学会放下高傲的头颅，提升高尚的心态。要知道在这个世界上没有卑微的工作，只有高傲的工作态度。一旦你以一种高傲的态度去工作，再好的一份工作在你眼里也会显得很卑微。

对一个成功的人来说，不会看低任何一份工作。只要是工作，他都会用一种很谦卑的心去努力，去用心把它做好，做完美。

牛静是安徽省合肥市源牌集团一名高管，在公司一次裁员中不幸下岗了。失去工作心里很不是滋味，牛静是吃不下睡不香。

一天，她在菜市边看到了一个和她差不多年纪的妇女正在给来往的人擦鞋。这一个小小的场景立即给了她灵感：如果开一家擦鞋的店，不仅成本不会很高，而且目前市场上还没有这样的店，竞争很小，这样收入一定不错。

但是，当她把自己的想法告诉丈夫的时候，马上遭到了丈夫的反对："擦鞋？每天和臭鞋子打交道，你恶心不恶心？再说，不就是下岗了吗？就是饿死我也不会让你做这样丢人的工作。"

"只要有市场，又能挣钱，有什么不好？"牛静反驳道："为人服务，怎么就丢人了？"

丈夫最终犟不过牛静。于是，牛静租了一个客流量相对多的门面，买了擦鞋的用具，这样，合肥市第一家室内擦鞋店诞生了。

为了吸引客源，擦鞋市场价一般为 2 元钱一双，她收 1 元一双，这样一来，很多人都来到了她的店擦鞋。由于生意忙，每天她早早地开门营业，还另外雇了 4 名员工，一天下来要擦 300 多双皮鞋，有时忙得连吃饭、喝水的时间都没有。

很快，她就赚到了自己第一桶金。于是，她将自己的擦鞋店又重新装饰了一番，配上了空调、饮水机和好看的鞋箱，员工也统一着装。她还给店取了一个好听的名字"用心擦鞋店"。这样，她把一份在别人眼里很不起眼的工作做得红红火火。

最后，牛静与人合伙，注册了"合肥一元擦鞋有限公司"，自己当上了老板，并吸引那些在街头小巷零散的擦鞋工加盟，形成连锁店。牛静不收加盟费和培训费，只要遵循统一的管理模式，用心经营就行。

短短的几年光景，牛静的"一元擦鞋公司"已是家喻户晓，并且连锁店遍布全国各地。

在很多人看来，整天和一些"臭鞋"打交道还不如去捡垃圾，这样一件很不体面的工作，可是，在牛静眼里，她一点也没有觉得这是一份很卑微的工作，她用高尚的心态将这份卑微的工作做好，她每天起早贪黑，忙碌个不停。正是她没有傲视这份卑微的擦鞋工作，最终她成功了。

这正如台湾的女作家杏林子所说："如今社会，昂首阔步、趾高气扬的人比比皆是，而这些人往往空有一副高贵的空架子，长着一颗高贵的头，却没有高尚的灵魂。"很多人对待工作就是这样的态度。其实，工作无贵贱，工作需要的是高尚的心态，而不是高贵的自尊和体面。因为做那些看似卑微的工作不代表就低人一等，只要你肯放下那颗高贵的心，通过自己的努力奋斗，同样可以把卑微的小事，做成让人羡慕的大事。

罗布·洛克琼斯出生在美国佛罗里达州的一个贫穷的单亲家庭，他创立了世界上唯一一个黑人教育中心。他不仅是黑人运动领袖，而且打碎奴隶制的枷锁，为他自己和他的种族带来了巨大的希望。

他总是教育自己的黑人同胞从最卑微的事情做起，教育他们如何在一些白人看不起的行业里学会生存的本领。最终，罗布·洛克琼斯成为了美国教育史上不可忽视一位伟大的改革家和教育家。

在他年轻的时候，他在煤矿从事挖煤工作，邻居经常嘲笑他，说他"天生是一个干苦力的。"每当听到这样的话，罗布·洛克琼斯总会很认真地纠正说自己不仅仅是个挖煤的，而是给佛罗里达州带来温暖的天使。在寒冷的冬天，每次透过窗户他看到人们围着火炉高兴的样子，他都为自己是一个矿工而感到骄傲。

矿山老板罗纳家里缺一个服侍罗纳太太的佣人，虽然罗纳太太对佣人要求非常苛刻，但罗布·洛克琼斯还是决定去服侍罗纳太太。于是，罗布·洛克琼斯由一名矿工变成了佣人。邻居们嘲笑他说："看，我们的苦力变成家奴啦。"罗布·洛克琼斯听到后会笑笑说："罗纳太太对我很满意呀，我现在是她一个人的天使。"

的确，因为罗布·洛克琼斯工作很出色，罗纳太太很喜欢这个年轻人。为了报答罗布·洛克琼斯，罗纳通过自己的关系，让他每天下午去吉尼普顿学院听一个小时课。

就这样，洛克琼斯从一个苦力、家佣开始了全新的人生。最后，他成功了。

在一些极其平凡的行业中，在极其低微的岗位上，其实蕴藏着巨大的“宝藏”。只要你能够降低自己的身价，培养自己高尚的工作心态，埋头苦干，即便你的工作再卑微、你的岗位再不起眼，你也能在“垃圾堆”里找到一块闪耀的“金子”。试问，从洛克琼斯的身上，我们是否可以看到还有什么样的工作能让我们感到卑微的？由此可见，无论你正在从事什么样的工作，要想获得成功，就不要轻视自己的工作。当你心怀一颗高尚的心去做一件很难的事情时，你虽然弯下了腰，却升华了你的灵魂。

改变自己的心态，让自己放低自己的心态，把头低下去，把腰弯得再曲一点。

品悟人生

只要你能够降低自己的身价，培养自己高尚的工作心态，埋头苦干，即便你的工作再卑微、你的岗位再不起眼，你也能在“垃圾堆”里找到一块闪耀的“金子”。

走好当下每一步，人生才能有转机

有人曾经说过这样一句话：“成功就像一根跨在悬崖之间的钢丝绳，你必须踏实走好每一步，要是随意迈步子，你可能会掉下去万劫不复。”这句话揭示了一个很简单的道理：要想事业上有转机，首先必须学会踏实走好每一步。

一个人即便自身具备的条件很优越，他一次也只能迈一步——这是十分浅显的道理，就像一个刚会走路的婴儿，如果步子跨得太大，必然会栽倒。因此，任何一个人的成功都不是在短时间完成的，只有放下自大的心态，先把第一步走好，走得稳当，才可以迈出第二步，第三步。

高文博毕业之后先后做过好几种工作，或许是运气不好，每一份工作，不是薪水低得可怜，就是工作强度大，因此，他在初入职场的半年里不停地跳槽。

这一次，高文博又在一家电脑公司做了库管。与其说是库房管理员，还不如说是搬运工，每天都要不停地搬卸货物，清点库房。不久，他累得实在是坚持不下去了。

主管看他要辞职，就对他说："小高，我看你是个聪明能干的人，你在这做不下去，不是因为你的能力不够，而是你不明白一个道理。"

高文博说："是什么道理能让我有一份很好的工作？"

主管说："职场的每个人就好比是站在金字塔里，按照能力由低到高的顺序，分别站在由低到高的不同层里。在最底层的是人力、第二层是人手、第三层是人才，在塔尖的是人物。在工作中卖力气就是人力，熟悉掌握工作、能应付突发事件是人手；在工作中提出创造性的方案的是人才，能管理公司的是人物，你看看你在职场第几层？每个公司就是一座金字塔，你如果只是不停地在各个金字塔之间穿梭，而不去提高自己的本领，那你永远都只能在最下面的一层。"

听了主管的话，高文博又继续回到了自己的工作岗位，认真地工作着。

从此，高文博像变了一个人一样，每天搬卸完货物之后，他会走进库房里清点产品，并且把出货的型号、数量都牢牢记在心里。因为对库房的产品非常熟悉，所以节省了客户取货时间，客户对高文博的办事效率赞不绝口。

因为工作出色，公司让高文博专门负责管理公司产品的保管和运输。高文博比以前更加努力地工作了。高文博发现，由于公司卖出电脑后都有后期的上门保修．但经常因为人力不足而让保修人员应接不暇。高文博看到后，就开始利用工作之余学习电脑修理知识。

很快，高文博能利用休息时间帮着保修部门的同事修理电脑。时间一长，高文博练就了过硬的维修电脑的本领。

半年过去了，高文博工作很顺利。一天，高文博偶然间听到笔记本电脑在学生中很受欢迎，他便向经理建议挖掘这个潜在市场。

在随后的日子里，高文博开始卖手提电脑，并把市场越做越大，在短短一年的时间里，他居然就成了公司里的销售明星。

后来，经理被任命为集团的副总，高文博成了公司的副经理。

如果说高文博的故事是灰领到金领的传奇，那么，还不如说他是踏实工作的典范。成功的人必须有一个成长的过程，这个过程需要从低层做起。所以中国化学集团技术总监王碧曾经说："年轻人，无论你多么优秀，刚出校门就只想搞策划、搞管理，就想做项目经理、做总工程师是不可能的。所以，对于社会上渴望成功的年轻人来说，进入职场最迫切要做的就是默不吭声，走好当下的第一步路，干好眼前的第一件事。"

在热播电视剧《老马家的幸福往事》中，相信大家对老马的女儿马拉的奋斗经历不会陌生。为了生计，马拉来到了日本的繁华都市东京，经过好姐妹的介绍，到东京一家豪华大酒店当服务员。对于刚正式步入社会的马拉来说，找到第一份工作是她迈出人生的第一步。因此，她很激动，心里想：一定要好好干。可是，没想到的是，当她第一天上班的时候，酒店的领班居然让她洗厕所！

年轻的马拉以前从没有干过粗重的活儿，她细皮嫩肉，也十分喜爱洁净，洗厕所在心理感觉上就难以承受，清洁剂难闻的气味更使她忍受不了。当她用自己白皙细嫩的手拿着抹布伸向马桶时，胃里立即翻江倒海，第一次就吐了出来。可是，领班对她的工作要求达到了常人难以承受的地步，因为领班要她把马桶清洁得光洁如新！

对于刚刚工作的马拉来说，要实现"光洁如新"这一高标准的质量要求，实在太难了，更何况她当时不适应洗厕所这份工作。因此，她陷入困惑，偷偷地躲在厕所里哭鼻子。她本来想来到东京闯下一番事业的，可是现在不知道该怎么抉择？是继续干下去，还是另谋职业？

就在此时，一个服务员看到了马拉的样子，立即明白了。于是，她来到了马拉面前，接过马拉手中的抹布，自己亲自做了一遍。

只见她拿起抹布，一遍遍地抹洗马桶的每一个部位，每一处缝隙，最后把马桶擦得一尘不染；然后，她从马桶里盛了一口水，当着马拉的面喝了下去。做完这些，那个服务员站起了身，送给她一个含蓄的富有深意的微笑，走了。

马拉惊呆了，眼前这个服务员用自己的实际行动告诉了马拉，要想在这里生存，首先就需要学会低头，无怨无悔地低头。原来"光洁如新"的标准就是把马桶中的水达到可以喝的洁净程度，这才算是把马桶抹洗得"光洁如新"。

那个服务员的举动让马拉震颤了，她明白了，于是痛下决心：“就算一生洗厕所，也要做一名洗厕所最出色的人！”

于是，她的每次工作质量都达到了那位服务员的高水平，为了检验自己的自信心，为了证实自己的工作质量，她每清洗一次，就喝一口厕水。从此，在这家豪华大酒店的角落里，有一个中国姑娘在默默无闻地蹲在厕所里，低着头，一遍又一遍地清洗厕所。

由于工作出色，接下来，命运之神好像特别眷顾马拉，不久她就被提升为餐厅服务员，酒店主管……最后，直到马拉自己开了一家酒店。从此，老马家过上了幸福的生活。

万丈高楼平地起，一个人要想赢得成功，首先需要做的就是扎扎实实地把基本功练好，把职场第一步走好。要放下自己的自尊，耐得住寂寞，培养起一种务实的精神，只有先具备了这种精神了，才可以扎扎实实走好第一步，然后步步为营，打好事业基础，就像电视剧中的马拉那样有吃苦精神，这样你的事业大厦才可以一天天的增高。

品悟人生

一个人的成功是需要一个过程的，是需要每一步都走得非常出色的，然而这个过程并不是任何文凭、学位可以缩短或替代的，它需要人从第一步就开始做好，然后步步为营，从而经历一段时间的积累，最后达到水到渠成，达到事业的成功。

再苦也得挺住，把每天当成上班第一天

很多时候，对于一些刚入职场的人来说，或者刚来到一个新的环境工作者而言，一切都是新的，于是会抱着一腔热情，满腹的干劲，在心里暗暗发誓要在这块天地里拼出一番事业。因此，上班的第一天或者开头的几天，很多新人工作起来都是激情澎湃，热情高涨，一点也不怕吃苦。

但有这样一句话："上好一天班容易，上好一辈子班很难。"就像一个人要做一件好事会轻而易举的，但要一辈子都做好事那可不是一件容易的事。同样，吃一天苦容易，常年吃苦就很难做到了。

或许，有些人在工作一段时间之后，就会发现自己的前景并没有想象的那么好，自己的工作也没有预期的那么如意，总是时不时地加班但却不加薪水，自己的职位也没有向上升迁，于是，开始热情消退，开始对这份工作失去了信心，开始不想再苦下去了。

不把每天当成上班第一天的人，其实是很难获得成功的。

王蒙是公司的业务主管，负责公司产品中国北方区销售工作。王蒙是公司的功臣，当初，公司的产品在中国北方区占有率为零，但在王蒙的努力下，在短短的几年内，迅速打开了北方市场，为公司创造了巨大的效益。

在为公司创造效益的同时，王蒙的自身也发生了很大的变化。

于是，累人的活他不愿意再干，上班也经常迟到，经理每次提醒他要遵守公司制度时，他最常说的一句话就是："中国北方区是我打下来的，没有我就没有公司的今天。"经理很无奈。

看王蒙很难改正，老板决定，给王蒙配两个助手。

经理对王蒙说："看你工作很辛苦，老板配两个助手给你，也是对你的奖励，你看其他业务主管哪有这个待遇？业务上你也要带带这两个新手。"

王蒙开心极了，可是，令他沮丧的是，半年后，公司让这两个助手接管了王蒙的工作。

所以说，不管在任何时候，无论哪个岗位上，就要做一天和尚撞好一天的钟，要尽自己所能全心全意地工作。

王顺友是四川省凉山彝族自治州木里藏族一名邮递员。由于木里藏族处在四川省地理位置十分偏僻的西南部，并且和青藏高原毗邻，全族人民都生活在群山环抱中，而且人口居住十分分散，平均每平方公里的地面上只有几户人家。乡镇与乡镇没有公路，村落与村落更没有电话，百姓和当地乡政府与外界保持联系的唯一纽带，就是依靠以马邮差。

在这样的艰苦的条件下，以王顺友为代表的10多个邮递员穿梭在了人迹罕至、野兽横行、陡峭难走的深山峻岭之间，维持着乡亲们与外界的联系，保持信息的畅通。

在一年的时光中，为了给乡亲们送信，王顺友至少有330天在荒山中独行。20年如一日，在20年里的行程中，他加起来足足可以达到从地球到月球的距离。在这20年的寒秋酷暑中，王顺友没有延误过一个班期，也没丢失一封邮件。他每天总是充满着工作的激情，把每一天的工作都当成是自己上班第一天，就这样日复一日，年复一年，他在最平凡的工作中做出了不平凡的业绩，2005年被评选为《感动中国》十大人物之一。

成功，很多时候不是因为做出了多大的贡献，也不是做了多么了不起的事，而是把每一天的工作都当成是自己上班第一天，踏踏实实地把事做好。

每天，你不妨这样问自己：今天你在工作中学习到了什么新的技术？今天你在工作中发明或者应用了哪些新的方法吗？今天你新增加了多少客户量？希望客户怎样评价你？……当你每天都带着这些问题的时候，你就会激发出自己的工作热情，不会机械地把工作当作是一件简单而无聊、没有丝毫乐趣的事情，你再也不会是一个职场“老油条”，也不会在工作中“磨洋工”。

品悟人生

成功需要最朴实、最真挚的工作态度。如果你是一名老员工，那么就把每天当成工作第一天开始吧，这样，你就会取得更突出的成就；如果你能再吃苦的精神，那么，成功就会很快靠近你。

从现在开始培养“立刻行动”的习惯

“种下行动就会收获习惯；种下习惯便会收获性格；种下性格便会收获命运”，心理学家兼哲学家威廉·詹姆士这么说。他的意思是：习惯造就一个人，你可以选择自己的习惯，你可以养成自己希望的任何习惯。

许多时候，我们都了解不良习惯的害处，但却总是不去改变它，或是想要改变但是没有立刻行动，甚至为自己寻找各种理由，让不良的习惯有存在的理由，为自己的不改变寻找各种借口。这些，并不能帮助我们前进，不能帮助我们改变自己，反而会让我们继续维持现状，甚至让坏习惯带来的影响更加糟糕。

著名的埃克森——美孚石油公司把“绝不拖延”列为公司员工的一条重要行为准则。

在“绝不拖延”的理念指导下，埃克森——美孚石油公司创建了效率速度部。这个创意来自于一级方程式赛车（F1），一级方程式赛车（F1）这一世界顶级赛事完美地诠释了“速度”的价值。

创意人约翰·丹尼斯也十分强调“绝不拖延”的理念。在他的办公室数字墙上，你可以看到这样几句话：

绝不拖延！

如果我拖延下去，我将会怎么样？

如果将工作拖到以后再去做，那么会发生什么？

有一次，约翰·丹尼斯和他的一位副手到公司各部门去巡视工作。到达休斯敦一个区加油站的时候，已经是下午3点了，约翰·丹尼斯看见油价告示牌上公布的还是昨天的数字，并没有按照总部指令将油价下调5美分/加仑，他十分恼火。

约翰·丹尼斯立即让助手找来了加油站的主管弗里奇。

远远地望见这位主管，他就指着报价牌大声地说道：“弗里奇先生，你大概还熟睡在昨天的梦里吧！要知道，你的拖延已经给我们公司的荣誉造成很大损失，因为我们收取的单价比我们公布的单价高出了5美分，我们的客户完全可以在休斯敦的很多场合，贬损我们的管理水平，并使我们的公司被传为笑柄。”

意识到问题的严重性，弗里奇先生连忙说道：“是的，我立刻去办。”

看见告示牌上的油价得到更正以后，约翰·丹尼斯面带微笑说：

“如果我告诉你，你腰间的皮带断了，而你却不立刻去更换它或者修理它，那么，当众出丑的只有你自己。这是与我们竞争财富排行榜第一把交椅的沃尔玛商店的信条，你应该要记住。”

然后，约翰·丹尼斯和助手一起离开了加油站。而从此之后，那位主管弗里奇先生做事再没有拖延的行为了。

约翰·丹尼斯曾说过：绝不拖延，我们就可以轻松愉快地生活和娱乐。避免拖延的唯一方法就是随时开始行动，而随时开始行动，首先必须认识到自己工作的重要性。另外必须记住的是，没有什么人会为我们承担拖延的损失，拖延的后果只有我们自己承担。

这个故事里，约翰·丹尼斯的这段话向我们表明了绝不拖延、立即行动的作用。其实，不仅仅是在工作中，无论我们做任何事情，都应当在思考成熟后果断行动。

著名的西点军校为美国培养了各方面众多的人才。而就是这样一所著名的学校，也提出了“今日事今日毕”的要求。西点军校创造了一个理想的教育环境，在这个环境中，“学员并不是随随便便无论什么时候想在图书馆都行，他们必须在规定的时间里尽最大努力干完规定的事，他们必须今日事今日毕，绝不能将任何事情拖到第二天。”

做事拖延的军人不是一名好军人，做事拖延的员工不是一个好员工。拖延的恶习会一点点腐蚀掉原本渴望成功的人的热情、进取心以及责任感，而唯一解决的良方就是——立即行动起来。

其实在许多时候，人们都有改变不良习惯的愿望，但是往往不愿意立即行动，一再容忍恶习的存在。很多人总是下定决心要改变，却将希望寄托在“明天”，如此明日复明日，改变的行动迟迟没有开始，原本的决心却被逐渐消磨殆尽。

立即行动才能改变命运，立即行动才能创造更多的机会。如果想要改变一个坏习惯，就不要再犹豫，从现在起就开始去做！

时间有限，生命有限。我们所能做的就是在有限的时间和生命里充分利用每一分钟，绝不拖延，以达到单位时间所能发挥的最大功效。把握生命中的每一分钟，哪怕只是一分钟而许多个一分钟，在达到一定的量之后将发生质的飞跃。

我们或许常常说“等到明天，或者等到某天，我们就”……但这样只是一种借口。改变坏习惯，我们必须从今天就开始行动，立即行动，这样的人才能最终赢得胜利女神的垂青，才能达到想要的成功。

人的一生中，有着种种的憧憬、种种的理想、种种的计划，如果能够将这一切的憧憬、理想与计划，迅速地加以执行，那么人们在事业上的成就不知道会有怎样的伟大。然而，很多人往往在有了好的想法、决心和计划后，不去迅速地执行，而是一味地拖延，以致让一开始充满热情的事情变得冷淡下去，决心和热情逐渐消失，计划最后破灭。

拖延的习惯往往会妨碍人们做事，因为拖延会丧失人的创造力。其实，过分的谨慎与缺乏自信都是做事的大忌。有热情的时候去做一件事，与在热情消失以后再去做一件事，其中的难易苦乐相差很大。趁着热情最高的时候，做一件事情往往是一种乐趣，也是比较容易达成的；但在热情消失后，再去做那件事，往往是一种痛苦，也不易办成。

放着今天的事情不做，非得留到以后去做，其实在这个拖延中所耗费的时间和精力，就足以把今日的工作做好。有些事情在当初就做会感到快乐、有趣、信心百倍，如果拖延到以后再去做，便会感到痛苦、艰辛，甚至做着做着就放弃了。

这就像有的人身体有病却拖延着不去就诊，不仅身体上要遭受极大的痛苦，而且病情可能恶化，甚至成为不治之症。改变一个坏习惯也是如此。坏习惯会对一个人的成功、健康等方面产生很大的阻力和危害，而一旦拖延改变的时机，只会让坏习惯更加根深蒂固，更难被改变，因而产生的危害也就更大。

一日有一日的理想和决断，昨日有昨日的事，今日有今日的事，明日有明日的事。今日的理想，今日的决断，今日就要去做，一定不要拖延到明日，因为明日还有新的理想与新的决断。最后，请在心里告诉自己：我要改掉拖延的坏习惯，从今天、从现在想到就开始行动！

品悟人生

没有哪个“思想的巨人，行动的矮子”会有惊天动地的出息。请记住一个比钢铁还钢铁的真理：对于理想，对于未来，行动永远高于一切！

只要一步一步走，就能接近目标

人各有志，有的愿在海里游，有的愿在河里漂，反正各人有各人的志趣，各人有各人的爱好。在海里游的人可能会游到对岸，也有可能被一个漩涡卷入大海，声息全无，在河里漂的人任其怎样漂，都不会有太大的危险，因为河水毕竟不像大海。虽然海是各条河流汇集而成的，可海与河的差别却是很大的。

所以在订立目标时，一定要注意分寸，最好先把目标定在小范围之内，因为小目标很容易实现，同时小目标能给你希望。能够对大目标起到有利的推动作用。

维萨里·佛来德斯的医师，是人体解剖学的奠基人。1514 年 12 月出生于布鲁塞尔的一个医生家庭，父亲是西班牙国王理查三世的药剂师。1529 年在卢万大学学习。1533 年到蒙被利埃和巴黎等学医。

由于家庭的原因，他从小就对医学有兴趣，并有机会接触到各种动物的解剖实验，了解它们的身体结构，因而在大学学习时，他就非常渴望得到更多人体解剖方面的知识，然而，当时的医学教育却令他很失望。因为当地的医学院只照本宣科地讲述盖伦的著作，根本不作认真的医学实践，解剖学成了一种装饰。学生难得看到教师的解剖演示。有时候教师会让屠夫或理发师来解剖动物让学生观摩。那时解剖学对人体的认识主要基于猪、猴等动物的解剖，与人体差别很大。

他对这种学风极为不满，于是他就设法自己弄尸体来解剖。他曾挖掘过坟墓，还曾在夜里到绞刑架下偷走尸体。通过解剖，他掌握了丰富的人体解剖知识。

1537 年底，他来到意大利，任帕多瓦大学的外科学和解剖学教授。

在这里，他亲自为学生做人体解剖演示，向学生详细讲解人体的各个部位和器官。同时他还继续通过人体解剖对人体的结构进行系统的研究。他对人体的解剖做得十分认真。他完成一次系统的人体解剖工作，一般要3个星期。为了防止尸体腐烂，他常在冬天进行解剖。他还把他的解剖成果画成图，用以指导学生。他解剖的顺序是先从骨骼开始，然后是肌肉、血管和神经。他用的解剖器械许多是自己制造的。

1538年，他计划在4年内完成他的《人体结构》，为了尽快实现自己的目标。他利用业余时间搞写作，他的助理在一本《与维萨里在一起》的书里这样写道：维萨里教授是一个十分有计划的人，当你走进他的卧室，就会了解到他是一个干什么工作的人。在他的卧室的墙上，挂满了人体各个部位的骨骼，在他的卧室门口，左边是一个男人的骨骼，右边是一个女人的骨骼，但不是一个人的骨骼，在每一个骨骼上都有一个小纸条，上面写着X年X月X日收集于X地。在他的床头挂着一张纸，上面写下了他的一生计划，甚至连起床、吃饭的时间都安排得井然有序。

1543年，一部由维萨里自己编写的《人体结构》终于完成。该书在继承盖伦解剖学成就的基础上，向人们展示了大量全新的人体知识。

人的目标虽然实现的慢，但只要一步一步地走，最终是可以实现的。

目标是通向快乐和成功的魔法钥匙，有的人把目标写了下来，有的人把它留在脑子里，还有一种人在生活中随波逐流，没有确定自己的目标，他们不知道要去往何处，只好由别人摆弄。

有明确目标并把它写下来的人，在他们一生中完成的工作是有目标的，包括那些把目标留在脑子里的人实现目标也很多。因此，树立自己的目标，制定一个完成目标的行动计划，你离成功就很近了。

品悟人生

赶快行动吧，把目标写下来，每次把目标完成时打一个明显符号，这样一个个符号就会使你感觉到实现目标不那么困难了，也就是说近期目标帮了你一个大忙。

不管有多苦，都要牢牢抓住每一天

懂得苦干的人不会为了昨天的失去念念不忘、耿耿于怀，不会为明天的美丽意气风发、热血沸腾。因为，昨天已经过去，明天无法预知，只有今天真正属于成功者。成功者会珍惜过好每一个今天，不浪费今天、去追忆昨天、幻想明天，那么到达生命终点时，成功者也就毫无遗憾。

时间并不能像金钱一样可贮存起来以备不时之需。我们所能够使用的只有被给予的那一瞬间，也就是今天、现在。因此，抓住每一个今天，你就抓住了全部。一位电台主持人对“只有今天”的技巧和意义有着深刻的亲身体会：

昨天是一张作废的支票，明天是尚未兑现的期票，只有今天是现金，有流通性的价值之物。如果不抓住今天，所有的希望都会消磨，在懒散消沉中流逝。

因此，与其费尽心思把今天可以完成的任务拖到明天，还不如用这些精力把工作做完。任务拖得越后就越难完成，做事的态度就越是勉强。今天能完成的工作，被推迟几天或几个星期后，就会变成负担。在收到信件时没有马上回复，以后再拣起来回信就不那么容易了。许多大公司都有这样的制度：所有信件都必须当天回复。只有今天，更近一步来说，就是珍惜现在的每分每秒。并且，珍惜时间并不只是珍惜你自己的时间，更意味着你要珍惜别人的时间。

“一个人如果根本不在乎别人的时间，”贺拉斯·格里利说，“这和偷别人的钱有什么两样呢？浪费别人的一小时和偷走别人五美元有什么不同呢？况且，很多人工作一小时的价值比五美元要多得多。”

华盛顿总统四点钟吃饭，有时候应邀到白宫吃饭的国会新成员迟到了，这个时候华盛顿就会自顾自地吃饭而不理睬他们，这使他们感到很尴尬。华盛顿经常这样说："我的表从来不问客人有没有到，它只问时间有没有到。"他的秘书找借口说，自己迟到的原因是表慢了。华盛顿回答说："那么，或者你换块新表，或者我换个新秘书。"

有一次，拿破仑请元帅们和他共进晚餐，他们没有在约定的时间到达，他就旁若无人地先吃起来。他吃完刚刚站起来时，那些人来了。拿破仑说："先生们，现在就餐时间已经结束，我们开始下一步工作吧。"

昆西·亚当斯从不拖延。议院开会时，看到亚当斯先生入座，主持人就知道该向大家宣布各就各位，开始开会了。有一次发生了这样一件事，主持人宣布就座时，有人说："时间还没到，因为亚当斯先生还没来呢。"结果发现是议会的钟快了三分钟。三分钟后，亚当斯先生像往常一样准时到达。

我们要走出昨天的误区，把握今天的时光。这样才能弥补昨天，充实明天。因此，那些还徘徊在昨天和明天的人，那些把今天的任务塞给明天的人，如果想在明天干出一番大事业，成为成功者，把握住今天才是最好的选择。

品悟人生

抓住今天，不沉迷于已经过去的昨天，也不幻想着还没到来的明天，今天做好了，今天就成功了。

在苦中领先一步，在甜中把握机遇

生活中，那些"随大流"的人通常都是弱者，只有拥有敏锐眼光，大胆走在人前的成功者才能抓住机遇，获得成功。

在我们的生活中有许许多多这样的人，他们总是把自己的成功寄托在社会背景、家庭关系和机遇上。这是一种典型的消极思想和消极的自我意识，给他们带来的后果是自卑，不能正确地认识自己。

托尼就是这样一个人。他不盲从别人，不在意别人的嘲讽，能够在瞬息万变中发现并把握住机遇，最终成就了自己的一番事业，也改变了自己的生活。

1932年，随着世界经济形势的好转，英国经济大恐慌的局面也似乎好转了一点，但在这个时候来开设一家新公司，的确有些不合时宜，尤其开设家具公司，更是显得荒谬。因为在这段时间里，许多家庭为了节省日用开支，都实施“合并”政策了，不是做父母的搬来跟子女一起住，就是子女搬去跟父母一起住，如此一来，家具市场的销路当然大为减少。

面对这样的一种市场现状，任何人也不曾想到要开设家具公司，但是，普通木匠托尼却想到了。他曾经花费了很长一段时间来考虑这个问题，在反复调查和研究市场以及衡量自己的利弊之后，托尼认为，此时经营家具业并非有赔无赚，因此他最终还是决定要开一家新的家具公司。

在他筹划开新公司的期间，一向对托尼怀有坚定信心的妻子玛丽也产生了怀疑。

托尼诚恳地说：“我从不欺骗你，亲爱的，就市面上的行情来说，开家具店的确不合时宜。不过我考虑过了，别人不能做，但我可以做，并且可以把它做好。说出来道理很简单，因为我自己会木匠手艺，而且，我的手艺已经获得很多老顾客的赞赏和信任。因此，开始的时候，一切都可以由我自己来，用不着请师傅甚至也不必雇伙计，我自己苦一点就行了。这一点你认为有没有道理？”

“道理是有，但是光有人会做也不成，还要有人买才行，是不是？”

“那是当然，不过这一点我也考虑到了，我想销路不会有太大问题。”

托尼对妻子玛丽陈述了他这样做的两个理由：

“一是在开始时不求多做，但要做最高档的产品。经济形势固然萧条不堪，但有些殷实的商人和皇亲贵族家庭，并没有完全失去购买力，相反他们的消费实力依然很强，只要做的家具能中他们的心意，他们照样舍得出大价钱来购买。二是在家具式样的设计和制作方面，托尼颇有信心，他相信，只要他多用点心思，以他这么多年制作和管理家具的经验，设计出来的式样，一定可以得到那些消费者的喜爱。”

玛丽听了他的分析，也不禁信心大增，她很欣慰地说：“我听了别人的议论，心里真有点替你担心，现在经你这么一分析，我也觉得的确可以这样做，不会有太大的风险。”

“我的真正目的是为将来着想，如果现在不设法把生意做起来，等到市面恢复了以后再做，可就要被同行甩在后面了。”

“你的考虑的确很周到，眼光也的确敏锐而且深远。”妻子玛丽赞同了他的意见。但由于经济情况混乱，没有人愿意投资，托尼很难筹集到资金。于是，妻子背着丈夫把结婚项链典当了，勉强开业。

限于资金缺乏，托尼新开的家具店虽不起眼，设备简陋，名声却很快地传开了。原因是托尼在木厂工作时，已经建立了很好的声誉，不管是家具零售商、还是材料供应商，都对他非常信任，所以生意开始不久，就已经远近知名了。

这样经过几年的努力，托尼渡过难关，迎来了世界经济的全面复苏并占领了市场的先机，随着家具需求猛增，他最终成为了一个大企业家。

成功者总是比别人先走一步，这样他们也就比别人先一步得到机遇，他们不随波逐流，时时刻刻关注着难得机遇，然后抢先一步得到，得到了机遇，就等于握住了成功的钥匙。

品悟人生

在充满苦难的道路上，比别人先走，敢于抢先，你就能走在最前面，好的机会也会属于你。

第四章

天上不会掉馅饼，收获源自辛勤劳作

古人有云：勤劳是最大的美德。勤能补拙是良训，一分辛苦一分才。的确如此：成功和辛勤的劳动是成正比的，有一分劳动就有一分收获。一个人只有日积月累，从少到多，最后才能够创造出不凡的成就来。

改掉骨子里的“惰性”才会有盼头

人与人之间只有小的差异，但是经过机遇、性格、形势的放大，最后结果却是完全不同。因为小小的懒惰和得过且过，最后的结果则可能就是失败。一个懒惰的人会为自己找各种各样的借口。

有个懒人，总觉得工作太过辛苦，别人给他介绍各种工作他做不到一个星期就跑回家了。父亲很为儿子担心，因为人总是要生存的。他担心孩子的懒惰会让他失去工作。于是父亲四处托朋友帮忙。可是大家都知道这个年轻人太懒惰，已经没人愿意帮助他了。经不起老父亲的再三请求，有位朋友就为懒人找了一份工作，并告诉父亲说，这个工作什么都不用干，只要坐在那儿就行了。父亲很高兴，就让儿子去工作了。

原来这是看守墓园的工作，的确什么也不用干。父亲觉得这工作挺适合自己的懒儿子，只要每天坐在椅子上，不用做任何其他的事，相信儿子总能做好。

可是没有过几天，懒人又辞退了守墓的工作。父亲以为是工作没有想象的轻松，便问儿子有什么辛苦的地方。年轻人抱怨道：“太不公平了，在整个墓场里，所有的人都是躺着的，只有我一个坐在那里，这么辛苦的工作，我才不干！”

每个人心中都有着天生的惰性，但成功的人总是能克服这种天性。

“谁不想睡安稳觉？谁不想早上睡到 9 点？如果你要求自己的生活得过且过，当然可以。但如果想做成一番事业，就不能得过且过。”一位成功的老总在接受记者采访时劝告年轻人要警惕自己的惰性，以防懒惰成为成功的绊脚石。而快乐的生活不是得过且过，是应该有着自己的目标克服自己的懒惰是到达成功必须要做的。

老总接着说，自己在当业务员的时候，经常凌晨接到客户的电话，说电脑的程序出了问题需要解决。从热乎乎的被窝中爬出来，真恨不能把电话给砸了。可是他知道往往这样的客户是最忠实的客户，他们信任自己，有问题第一个想到的就是自己。就是这样的客户支持了这位老总成立了自己的公司。

对一个人的生存而言，懒惰是一种堕落的、具有毁灭性的东西。懒惰、懈怠从来没有留下好名声，也永远不会留下好名声。懒惰是一种精神腐蚀剂，因为懒惰，人们不愿意爬过一个小山岗；因为懒惰，人们不愿意去战胜那些完全可以战胜的困难。

品悟人生

那些生性懒惰的人不可能在社会生活中成为一个成功者，他们永远是失败者。成功只会光顾那些辛勤劳动的人们。懒惰是一种恶劣而使人失去自信的精神重负，人一旦背上了懒惰这个包袱，就只会整天怨天尤人，精神沮丧、无所事事。

想赚钱，就要变得勤快一点

每个人都想成为富翁，过自己想要的生活，于是很多人怀揣着一夜暴富的奢望，东游西荡、投机取巧。但这种人到最后往往是两手空空，因为，他们忘记了勤奋做事才是通向成功的捷径，懒惰是成功的大障碍。

那么，怎样才能克服懒惰的“小毛病”，让自己变得勤快起来呢?

①承认自己有爱拖延的小毛病，并且愿意克服它。这是处理一切问题的前提。只有正视它，才能解决问题。不承认自己懒惰，就不可能改正自身的弱点。

②不要因恐惧而不敢动手，这是懒惰的一大原因。如果是这一原因，克服的方法是强迫自己做，假想这件事非做不可，就没什么可恐惧的了。

③有些人，尽管疾病缠身，还照样勤奋努力不已。因此，如果身体真的有病，及时去治疗，不应该拖延。

④严格要求自己，磨炼意志力。磨炼意志力不妨从简单的事情做起，每天坚持做一种简单的事情，例如写日记，只要天天坚持，慢慢地就会养成坚持的习惯。

⑤在整洁的环境里工作不易分心，也不易拖延。把自己生活的环境整理好，使人身居其中感觉舒适，就会热爱自己的生活，产生勤奋的动力。另外，备齐必要的工具，既可加快工作进度，也可以避免拖延的借口。

⑥做好工作计划。对自己每天的生活工作，做出合理的安排，制定切实可行的计划，要求自己严格按计划行事，直到完成为止。

⑦把你的计划告诉大家。在适当的场合，比如，在家庭里，或者在朋友面前，把你的计划向大家宣布，这样你就会自己约束自己，不敢拖延。

⑧严防掉进“借口”的陷阱。例如“时间还很充裕”“现在动手为时尚早”“现在做已经太迟了”“准备工作还没做好”“这件事太早做完了，又会给我别的事”等等，不一而足。

⑨偶尔“骗一骗”自己。开始克服懒惰，不可能坚持很长时间，你可以给自己说：“只干一会儿，就十分钟。”十分钟以后，很可能你兴奋起来而不想罢手了。

⑩不给自己分心的机会。人们的注意力常常受外界的干扰，不能够

投入工作，成为拖延偷懒的借口。把杂志收起来，关掉电视，关上门，拉上窗帘……这样，就可以使自己的注意力集中起来，克服拖延的毛病，投入工作。

⑪不要离开工作环境。有些事情在开始做时，总会不顺利，这就成为拖延偷懒的借口，倘若放一放再说，转身就走，这样就无法克服懒惰的习惯。强迫自己留在工作的现场不许走，过一会儿，你可能就找到了解决问题的办法，你就会干下去。

⑫避免做了一半就停下来。做了一半停下来，很容易使人对事情产生棘手感、厌烦感。应该做到告一段落再停下来，这样会给你带来一定的成就感，促使你对事情感兴趣。

⑬先动手再说。有些事情应该当机立断，说干就干，只要干起来了，人就不会偷懒，即使遇到问题，也可以边干边想，最终就会有结果了。

品悟人生

懒惰的“小毛病”会分散你的精力，灭失你的雄心，因此你一定要告别“懒惰”，勤快做事。天道酬勤，只要你不断付出，就一定会获得你想要的财富。

苦点没什么，勤奋是成功的催化剂

齐格勒说：“如果你能够尽到自己的本分，尽力完成自己应该做的事情，那么总有一天，你能够随心所欲从事自己想要做的事情。反之，如果你凡事得过且过，从不努力把自己的工作做好，那么你永远无法达到富有的程度。”

懒汉们常常抱怨，自己竟然没有能力让自己和家人衣食无忧；勤奋的人则会说：“我也许没有什么特别的才能，但我能够拼命干活以挣取面包，养活自己和家人。”

有一位懒惰成性的乡绅，他拥有一块地产，每年坐收500美元的地租。后来，由于无力还债，他把一半地产卖掉了，剩下的一半地产租给一位勤劳的农民，租期为20年。契约到期的时候，这位农民去交付租金，他问这位乡绅是否愿意把这块土地出卖。这位乡绅感到十分吃惊，他说："是你想买吗？""是的，如果我们能讲好价，我就买了。""这真是太不可思议了。"这位绅士仔细打量眼前这位农民，说："天啊，请你告诉我这是怎么回事。我不用交租金，靠两块这样大的土地也不能养活自己，而你每年都要交付给我200美元的租金，这些年下来，你竟然还买得起这块土地。""道理很简单，"这位农民回答说，"你整天在家里坐享其成，却不知坐吃山空；而我却日出而作，日落而息，任何劳动都会得到回报的。"

认真做好自己的工作和凡事得过且过的人之间，最根本的区别在于，前者懂得为自己的行为结果负责。这种工作态度常能感化"铁石心肠"的上帝。

要想在这个人才辈出的时代走出一条完美的职业轨迹，唯有依靠勤奋的美德——认真地对待自己的工作，在工作中不断进取。

戴维就是靠着自己的勤奋而获得成功的。他现在是加利福尼亚建筑公司的一名副总。而几年前，他还只是工地上的一名送水工。在其他送水工把水桶搬进来以后，一面抱怨薪水太少一面躲起来抽烟的时候，他却给每位工人的水杯倒满水，并利用一切时间来了解有关的工作情况，并帮他们做一些力所能及的事情。结果，两周后，他就当上了计时员。当上计时员的戴维却依然非常勤奋，第一个到工地的是他，最后一个离开工地的还是他。他的勤奋，使他对建筑工作的每一个流程都非常熟悉，连工地上最有经验的工人也常来向他请教，现在他已经成了公司的副总，但他依然特别专注于工作，从不说闲话，也从不参加到任何纷争中去。他鼓励大家学习和运用新知识，还常常拟计划、画草图，向大家提出各种好的建议。只要给他时间，他可以把客户希望他做的所有的事做好。

没有什么比这样的故事更能让人的心灵受到巨大的震撼了。戴维并没有出众的才华，也没有什么显赫的出身，他只是一个普通得再也不能普通的送水工，但他拥有勤奋，他是靠他的勤奋取得了巨大的成功。戴维的经历告诉我们，不管你现在所从事的是什么工作，也不管你是一个清洁工，还是白领阶层，要想在这个时代脱颖而出，你就必须付出比以往任何时代更多的勤奋和努力。只有拥有积极进取、奋发向上的心，只有勤勤恳恳地努力工作，你就是成功的，就是令老板认可的，否则你只能由平凡转为平庸，最后变成一个毫无价值和没有出路的人。

很多人认为勤奋工作只能带给老板业绩的提升和利润的增长，而自己却没有获得薪水的提高。其实，勤奋带给一个人的是比薪水更宝贵的知识、技能、经验和成长发展的机会，当然，还有随之而来的成功。勤奋，带给你和老板的是一个双赢的结果。

对于老板来说，业绩的提升和利润的增长当然是最重要的。而对于一名员工，尤其是年轻员工来说，又有什么能比知识、技能、经验和成功的机会更宝贵的呢？所以说，勤奋不仅是对公司、对老板负责，更重要的是对自己负责。

世界上到处是一些看起来就要成功的人——在很多人的眼里，他们能够并且应该成为这样或那样非凡的人物——但是，他们并没有成为真正的英雄。原因何在呢？

许多人都抱着这样一种想法，我的老板太苛刻了，根本不值得如此勤奋地为他工作。他们这样做，忽略了一个道理：工作时虚度光阴会伤害你的老板，但受害最深的却是你自己。有些人挖空心思费尽精力来逃避工作，却不愿将同样的精力和心思用在自己的工作上。这种人自以为聪明盖世，可以骗得过老板，其实，他们欺骗的正是他们自己。一位优秀的老板会很明白，勤奋会带来什么样的结果；他也很清楚，一名懒散的人会给自己带来什么。你说，他会把升迁和奖励送给那些耍小聪明的人吗？

很多懒惰的人从来不向更深层次去考虑问题，他们没有看到那些成功的人在实现理想的过程中所经受的考验和挫折，他们不明白没有付出非凡的代价，没有艰苦的奋斗，没有勤奋的工作，是根本无法实现自己的梦想的。他们不相信勤奋，只相信运气、天命。他们看到别人成功，便觉得那是别人命好运气好，这是一种典型的虚荣心理，他们从来没想到过成功源于勤奋，就这么简单。

有些人工作特别散漫，当然，他们也有冠冕堂皇的理由：老板一点也不看重我，他并没有注意到我为工作所付出的努力，又不增加我的薪水，我干嘛那么卖力气呢？

请让我们换一个角度来思考一下这个问题：在一些手工业作坊里，一些孩子为了能够掌握一门手艺，常常多年跟随师傅苦干，却没有得到哪怕一分钱，他们毫无怨言。为什么呢？因为他们懂得，勤奋虽然会为别人创造更多的效益，但更是为了自己。人生重要的不是现在，而是更久远的未来。薪水虽然少些，但能有一个好的学习经验和技能的机会更重要。孩子们的目标是为了未来能开办一家自己的作坊和店铺，为此他们努力和付出。在这个目标面前，薪水显然不是个重要的问题。而眼光只盯着薪水的人，得到的永远只能是温饱。

品悟人生

勤奋工作，其实正是一种等待，一种积蓄，而等待他人的信任和赏识，才能使自己的努力得到回报，才能迈向更高的目标。

贪图安逸就不会有出头之日

懒惰者，是思想的巨人，行动的矮子。懒惰是一种浪费，浪费的是比任何东西都宝贵的生命。人生短暂，只有勤奋才会有成功，偷懒只会使自己落在别人的后面，让自己的人生没有盼头。

民间有这样一个故事：有一个人“四体不勤，五谷不分”，懒得简直是“油瓶子倒了都不知道扶”。他跟残疾的人一样生活不能自理，什么事都依靠他母亲。有一天，他母亲有事要出一趟远门，母亲知道自己的儿子太懒，担心自己不在家饿坏了他，于是就想了一个办法：烙了一张大大的饼，这张饼足够他吃几天，临出门时挂在了懒人的脖子上，并嘱咐他，吃完一边就转一下吃另一边。母亲走后，懒儿子觉得饿了，就吃了大饼离嘴最近的一边。等到再饿时，一想到还要转动大饼才能吃到嘴，于是就懒得动了，没几天就饿死了。

这个故事虽然有些夸张，但它也说明了一个道理：懒人终究要为自己的“懒”付出代价。他们不但无法在社会上立足，而且不能真正地“享受”生活，还会彻底毁了自己。

一个人对生活所持的态度和他的习惯、才智有着密切的联系。成功的人比起一般的人来，他生活和工作的态度一定是更能吃苦、更努力、更勤奋，而且，他们也做得比别人更多。

任何一位成功的科学家，在取得成功的过程中，一定是付出了艰苦的劳动，一定是经过了无数次的失败。没有一个成功的人成功是不付出艰辛劳动的。

牛顿是世界一流的科学家。当有人问他到底是通过什么方法发现万有引力定律的，他诚实地回答道：“总是思考着它们。”还有一次，牛顿这样表述他的研究方法：“我总是把研究的课题置于心头，反复思考，慢慢地，起初的点点星光终于一点一点地变成了阳光一片。”正如其他有成就的人一样，牛顿也是靠勤奋、专心致志和持之以恒才取得巨大成就的，他的盛名也是这样取得的。而放下手头的这一课题从事另一课题的研究，就是他的娱乐和休息。牛顿曾说过：“如果说我对公众有什么贡献的话，这要归功于勤奋和善于思考。”

伟大的哲学家开普勒也这样说过：“只有对所学的东西善于思考才能逐步深入。我对于自己所研究的课题总是追根究底，拼命想出个所以然来。”

培养勤奋的工作态度是很关键的。一旦养成了一种不畏劳苦、敢于拼搏、锲而不舍、坚持到底的劳动品质，无论我们干什么事，都能在竞争中立于不败之地。

人生短暂，被“懒惰”的习惯占据，就等于慢性自杀。真正的幸福绝不会光顾那些精神麻木、四体不勤的人们，什么都不做的结果就是一事无成，甚至丧失生存权。因此，当你产生了抛弃懒惰恶习的念头时，也就同时获得了最基本的生存权。

品悟人生

懒惰是一种使人丧失斗志的精神重负。幸福之花是靠辛勤的劳动和汗水来浇灌的，请记住：成功永远属于辛勤劳动的人。

世界上没有免费的午餐

人们从小就受到这样的教育：不劳而获可耻，不劳动者不得食。其实，这样简单的道理人人都懂，但是未必人人都能做到真正地去“劳动”。有那样一些人，厌恶劳动，不想付出任何辛苦，只是幻想哪天“天上能掉下个大馅饼”砸到自己身上，或出门捡到钱包，或买彩票中了大奖，一夜暴富。但实际上，这种事情实现的概率小之又小，一个人的所得如果不是靠劳动换来的，他是不会珍惜的。因为来得容易可能去得也快。因此，从某种意义上说，突然暴富比贫穷更危险。

许多年前，一位聪明的国王召集了一群聪明的臣子，给了他们一个任务：“我要你们编一本各时代的智慧录，好流传给子孙。”这些聪明人离开国王后，工作了一段很长的时间，最后完成了一本十二卷的巨作。

国王看了以后说：“各位先生，我确信这是各时代的智慧结晶，然而，它太厚了，我怕人们读得费劲，把它浓缩一下吧。”这些聪明人又长期努力地工作，几经删减之后，完成了一卷书。然而，国王还是认为太长了，又命令他们再浓缩，这些聪明人把一卷书浓缩为一章，又浓缩为一页，然后减为一段，最后变为一句话。

国王看到这句话后，显得很满意。“各位先生，”他说，“这真是各时代智慧的结晶，并且各地的人一旦知道这个真理，我们大部分的问题就可能解决了。”

这句话就是：“天下没有白吃的午餐。”

这则寓言告诉人们这样一个道理：没有积极的行动，你就与成功无缘。下面讲到的两个女孩，由于采取了两种不同的方式，结果出现两种截然不同的结局。她们的经历对那些期待不劳而获的人而言，无不是一个警醒。

有一位名叫娜塔莎的女孩，她的父亲是莫斯科有名的整形外科医生，母亲在一家声誉很高的大学担任教授。她的家庭对她有很大的帮助和支持，她完全有机会实现自己的理想。她从念中学的时候起，就一直梦想当电视节目的主持人。她觉得自己具有这方面的才干，因为每当她和别人相处时，即便是生人也都愿意亲近她并和她长谈。她知道怎样从人家嘴里掏出心里话。她的朋友们称她是他们“亲密的随身精神医生”。她自己常说：“只要有人愿给我一次上电视的机会，我相信我一定能成功。”

但是，她为达到这个理想而做了些什么呢？她什么也没做；而在等待奇迹出现，希望一下子就能当上电视节目的主持人。

娜塔莎不切实际地期待着，结果什么奇迹也没有出现。

另一个名叫玛莉的女孩却实现了同娜塔莎一样的理想，成了著名的电视节目主持人。玛莉并没有白白地等待机会出现。她不像娜塔莎那样有可靠的经济来源，所以她白天去打工。晚上在大学的舞台艺术系上夜校。毕业之后，她开始谋职，跑遍了圣彼得堡每一个广播电台和电视台。但是，每一个地方的经理对她的答复都差不多：“不是已经有几年经验的人，我们不会雇用的。”

她不愿意退缩，也没有等待机会，而是走出去寻找机会。她一连几个月仔细阅读广播电视方面的杂志，最后终于看到一则招聘广告，有一家很小的电视台招聘一名预报天气的女主持人。

玛莉在那里工作了两年，最后在圣彼得堡的电视台找到了一个工作。又过了五年，她终于得到提升，成为她梦想已久的节目主持人。娜塔莎那种失败者的思路和玛莉的成功者的观点正好背道而驰。她们的分歧点就在于，娜塔莎在10年当中，一直停留在幻想上，坐等机会，期望时来运转，然而，时光却流逝了。而玛莉则是采取行动。首先，她充实了自己；然后受到了训练；接着，在积累了比较多的经验后，最终，实现了理想。

失败者谈起别人获得的成功时总会愤愤不平地说："人家有好运气。"他们把成功看作是降临在"幸运儿"头上的偶然事情。而成功者都是勤奋的人，他们从来都不靠运气，只是忙于解决问题，忙于把事情做好。他们一旦养成了一种不畏劳苦、敢于拼搏、锲而不舍、坚持到底的品质，无论干什么事，都能在竞争中立于不败之地，即使从事最简单的工作也发扬这些最基本的"品格"。

杰克饲料厂的厂长迈克尔之所以能够由一名速记员一步一步往上升，就是因为他能做别人不愿意做的工作。他最初是在一个懒惰的老板手下做事，那老板总是把事情推到下面员工的身上去。有一次，杰克先生叫他编一本前往欧洲时需要的密码电报书，那个老板的懒惰使迈克尔有了做事的机会。迈克尔做这个工作时，并不是随意简单地编几张纸片，而是把它们编成一本小小的书，并且用打字机清楚地打出来，然后再用胶装订好。做完之后，那个老板便把电报本交给杰克。

"这大概不是你做的吧？"杰克问。

"不……是……"那老板战栗着回答道。

"是谁做的呢？"

"我的速记员迈克尔做的。"

"你叫他到我这里来。"

迈克尔到办公室来了，杰克说："小伙子，你怎么会想到把我的电报做成这个样子的呢？"

"我想这样你用起来会方便些。"

"你什么时候做的呢?"

"我是晚上在家里做的。"

"啊，我很喜欢它。"

过了几天之后，迈克尔便顶替了以前那个老板的位置。

以上的事例说明：成功不是一蹴而就的，成功者从来不放过每一次做事的机会。不管大事小事他们都乐于去做，他们跟一般人比起来，更能吃苦，更努力，更勤奋，也比别人做得更多。因此，光靠愿望和祈祷是不行的，人必须努力去做才能让理想实现。成天等待免费午餐的人，只会在消极的等待中丧失生命的活力和亮色。

品悟人生

世界上没有白白获得的东西，成功不会从天而降，需要自己去争取，去寻求，去创造。守株待兔得来的永远只有一只兔子，而积极的行动，才会获得成百上千只兔子。

一分耕耘，一分收获

大凡有所作为的人，无不与勤奋的习惯有着一定的关联。我们知道"将勤补拙"是李嘉诚的一条重要的人生准则，也是他成功的经验之一。

曾经有记者询问过李嘉诚的推销诀窍。李嘉诚不予正面回答，却讲了一个故事。

日本"推销之神"原一平在69岁时的一次演讲会上，当有人问他推销成功的秘诀时，他当场脱掉鞋袜，将提问者请上台说："请您摸摸我的脚板。"

提问者摸了摸，十分惊讶地说："您脚底的老茧好厚哇！"

原一平接过话头说："因为我走的路比别人多，跑得比别人勤，所以脚茧特别厚。"

提问者略一沉思，顿然感悟。

李嘉诚讲完故事后，微笑着自谦地对记者说："我没有资格让你来摸我的脚底，但我可以告诉你，我脚底的老茧也很厚。"

当年，李嘉诚每天都要背着一个装有样品的大包马不停蹄地走街串巷，从西营盘到上环到中环，然后坐轮渡到九龙半岛的尖沙咀、油麻地。

李嘉诚说："别人做 8 个小时，我就做 16 个小时，除此别无他法，只能将勤补拙。"

无独有偶，远大总裁张剑从创业到成功始终依靠自己的辛勤工作。他建立了远大企业后，就把辛勤耕耘的理念融入到了远大的文化中。"远大"有自己的文化体系，而这个文化体系又需要以辛勤原则为中心的企业理念和视品牌为生命的经营理念为支撑，那么怎么去理解以辛勤原则为中心呢？这个"原则"是什么呢？

副总裁张跃认为：这两者是一致的，因为辛勤原则是不能改变的，只是有一些人不去尊重它。我们要知道，只有服务工作做得非常好，让你服务的对象非常满意，你才会有收益。我们是搞工业的，那我们的工业产品就要做得非常好，之后我们的工业产品的消费者才会非常满意。所谓原则就是说必须要有很好的种子，经过辛勤耕耘过程，才会有很好的收获，而且你的付出必须都在收获之前，这就是原则。你只要把这些原则把握好，不要指望侥幸，不要指望去逾越自然法则，或者说先收获后耕耘，或者说只收获不耕耘，就行了。

所以，如果你永远保持勤奋的工作状态，你就会得到他人的认可和称赞，同时也会脱颖而出，并得到成功的机会。

品悟人生

做一个勤奋的人，阳光每一天的第一个吻，肯定先落在你的脸颊上。

勤有盼头，懒不会出头

古罗马皇帝在临终时给罗马人留下这样一句遗言："勤奋工作吧！"当时，他的周围聚满了士兵。

有些人终日游手好闲、无所事事，无论干什么都舍不得花力气、下功夫，但这种人的脑瓜子可不懒，他们总想不劳而获。正如肥沃的稻田不生长稻子就必然长满茂盛的杂草一样，那些好逸恶劳者的脑子里就长满了各种各样的"思想杂草"。这些"思想杂草"，时时折磨着他们、戏弄他们。下面的小故事形象的描述了懒惰者的心态。

一位探险家在森林中看到一位老农正坐在树桩上抽烟斗，于是他上前打招呼说："您好，您在这儿干什么呢？"老农回答说："上一次我要砍树的时候，风雨大作，结果，那些树未让我费力就倒了。""您真幸运！""你可说对了。还有一次，在暴风雨中闪电把我准备要焚烧的干草给点着了。""真是奇迹！现在您准备做什么？""所以这次我准备等一场地震帮我把土豆从地里翻出来。"

美国诗人朗费罗说："天才只是无限的惨淡经营与勤勉。"对于一位成功者来说，也是如此。我们竖看历史、横看世界，真正事业有成的人无不是勤勉发愤、刻苦工作的，以至于他们中不少人被视为"工作狂"。

台湾塑胶大王王永庆在世界上拥有10亿美元以上的资产。作为一个大集团企业的董事长，他是一个典型的工作狂。一周工作6天，极少娱乐休闲，连看电视、和家人谈谈心的时间都没有。他说："人的生命及其精力都有极限，身心全神贯注并且持之以恒，才有可能追求卓越。这是我一生创办事业的经验，也是亲身印证过的一个非常单纯的理念。"

赵重熏是韩国有名的运输大王。他从一个卡车司机起家，发展到韩国首富，除了机遇外，勤奋是他成功的一大要素。他有一个绰号，叫“现场监工”。在接收大韩航空以前，他常常在清晨4点起床，到工地现场去监工。接管大韩航空以后，他照样早起，每天5点钟一定会赶到金浦机场，监督夜班工人工作。曾有一次他摔断了腿也没有休息，裹着石膏，每天清晨仍一瘸一拐地去监督工人工作。赵重熏一刻也闲不住。在越南搞运输时，夏天中午烈日炎炎，一般人很少干活，都要午睡休息。而他却仍顶着火辣辣的太阳出去工作。

可见，没有如痴如狂的工作热情和吃苦精神，就没有王永庆、赵重熏的成功。伯顿说得好：“游手好闲是魔鬼的坐垫。”中国古人也说过：“业精于勤，荒于嬉”。我们纵观事业有成者，无一不是兢兢业业勤勉工作的人，在现在的社会，企图不劳而获是不可能，也是不现实的。对于人们来说，要勤勉不要懒惰，就如同要成功不要失败一样重要。

品悟人生

把勤奋作为你人生的习惯，这是你做任何事必须先记住的。学生要勤于读书，政治家要勤于执政，商人就更不能慵懒，必须以勤克惰，才能有所收益。所以，忍受勤劳所带来的辛苦，并且不沉溺于嬉乐之中，方能办好事情，有所成就。

用勤奋浇灌出成功的花朵

懒惰是人一种心理上的厌倦情绪，它的表现形式有很多种，包括极端的懒散状态和轻微的犹豫不决。

面对这种懒惰行为，有的人浑浑噩噩，意识不到这是懒惰；有的人寄希望于明日，总是幻想美好的未来；而更多的人虽极想克服这种行为，但往往不知道如何下手，因而得过且过，日复一日，……然而，唯有克服了懒惰的行为，一个人的事业才能成功。

战国时期，苏秦是出名的政治家。在年轻时，由于学问不多不深，曾到好多地方做事，都不受重视。回家后，家人对他也很冷淡，瞧不起他。这对他的刺激很大。所以，他下定决心，发奋读书。他常常读书到深夜，很疲倦，常打盹，想睡觉。后来想出了一个方法：准备一把锥子，一打瞌睡，就用锥子往自己的大腿上刺一下。这样，猛然间感到疼痛，使自己清醒起来，再坚持读书，这就是苏秦“刺股”的故事。

西汉时有一个大学问家名叫匡衡。他小时候就非常喜欢读书，可是家里很穷，买不起蜡烛，一到晚上就没有办法看书，他常为此事发愁。一天晚上，匡衡无意中发现自家的墙壁似乎有一些亮光，他起床一看，原来是墙壁裂了缝，邻居家的烛火从裂缝处透了过来。匡衡看后，立刻想出了一个办法：他找来一把凿子，将墙壁裂缝处凿出一个小孔。立刻，一道烛光射了过来，匡衡就着这道烛光，认真地看起书来。以后的每天晚上，匡衡都会靠着墙壁，借着邻居的烛光读书。由于他从小勤奋好学，后来匡衡成了一名知识渊博的经学大师。

从上面故事中，我们看到勤奋的人有着精彩的人生。而勤奋的人有成就了自己的事业并成为了众人学习的对象。

品悟人生

克服懒惰，正如克服任何一种坏毛病一样，是件很困难的事情。但是只要你决心与懒惰分手，在实际的生活、学习中勤奋，那么，灿烂的未来就是属于你的！

天才就是努力加勤奋

我们每个人都向往天才，羡慕天才取得的成就。其实不必这样，我们之所以不能成为天才，是因为还没有找到自己最确切的目标，另外，还说明我们下功夫的火候欠佳。古往今来，哪一个天才人物不是经过持之以恒的勤奋才换来的呢?

前苏联作家高尔基说过:“天才就是劳动,人的天赋就像火花,它既可以熄灭,也可以旺盛地燃烧起来,它能成为熊熊烈火的方法只有一个,那就是劳动。”所以,坚持不懈的劳动可以成就一个天才,它虽然是一件苦差事,但却是成功的必经之路,正所谓:不经历风雨,怎么见彩虹?

人们想成为天才,都想有一番作为的理想是可贵的,但如果不想去流汗,只想轻松地去摘取劳动果实的话,这也是不现实的,无异于天方夜谭。我国古人对此很早就有深刻的体会,“吃得苦中苦,方为人上人。”“天上不会掉下馅饼。”等等谚语,即说明了这个道理。

曹雪芹为了写出巨著《红楼梦》,付出了十年的光阴。他注入了很多心血,正如他所言:“字字看来皆是血,十年辛苦不寻常。”《红楼梦》对文学的影响是深远而无可代替的,我们对曹雪芹也是崇拜之极。

法国作家福楼拜曾经住在靠近法国塞纳河畔的别墅里,在那里,福楼拜常常是通宵达旦地奋笔疾书,书桌上的那盏灯彻夜不熄灭,很多打鱼的渔民都把他书桌上的那盏灯当作方向的“灯塔。”很多渔民船长说:“在这段航线上,要想不迷失方向,就可以福楼拜先生的灯光为目标。”正是福楼拜这种勤奋写作的精神,使他成为闻名于世的著名作家,其很多作品对后人产生了极大影响。

唐代大诗人李白认为只要勤奋,即使铁杵也能磨成针。伟大的革命导师马克思,为了写作《资本论》花了 40 多的时间,他仔细钻研过的书籍竟有 1000 多种。在写作的过程,他几乎每天都要跑到图书馆去查阅大量的详细资料,晚上经常工作到深夜。天长日久,把图书馆的地板都踏出一条沟印。经过勤奋的学习和研究,最后终于完成了具有重要影响的巨著《资本论》。

卡莱尔说:“天才就是无止境的刻苦勤奋的能力。”我们都听过“闻鸡起舞”的故事,说的是祖逖小的时候是一个勤奋习剑的少年,半夜里一听到鸡叫,就赶快起来,习武练剑。年复一年,从没间断。终于,他的勤奋刻苦换来回报：他有了统兵打仗的本领，后来被封为将军。

我国著名数学家华罗庚说：“难？最怕刻苦与顽强。”很多是天才的科学家都曾身居恶劣的成长环境，靠的就是不断地打拼、奋斗，才取得了令世人瞩目的成就。

人不妨写下一个“勤”字，印在你的脑子里，写进你的日记中，捂在你的心坎上，落实在你的行动中，让懒惰远离自己，让勤奋永远伴随我们。让我们以勤奋为帆，去乘风破浪前进吧！

品悟人生

一个人如果能够以忘我的精神，勤恳地去做事业，就能与自己的惰性彻底地“拜拜”。

成功就要以“勤”作桨

中华民族自古以来就是一个勤劳的国家，古代先哲们为我们留下了许多至理名言，诸如：“一勤天下无难事”“一日之计在于晨，一年之计在于春，一生之计在于勤。”“勤能补拙”“一分耕耘，一分收获。”等等，这都是对勤劳最好的诠释。这些经典名言告诉我们一个道理：生活的幸福，事业的成功，都源自于勤奋。

唐代百丈怀海禅师，立下一套极有系统的丛林规矩——百丈清规。怀海禅师倡导“一日不作，一日不食”的农禅生活，他每日除了领众修行外，必亲执劳役、勤苦工作，对生活中的自食其力极其认真，对于平常的琐碎事情，尤不肯假手他人。

渐渐地，百丈禅师年纪老了，但他每日仍随众上山担柴、下田种地。因为农禅生活就是自耕自食的生活。弟子们不忍心让年迈的师父做如此粗重的工作，因此，大家恳请他不要随众出坡（劳动服务），但百丈禅师仍以坚决的口吻说道：“我无德劳人，人生在世，若不亲自劳动，岂不成废人？”

弟子们阻止不了禅师服务的决心，只好将禅师所用的扁担、锄头等工具藏起来，不让他做工。

百丈禅师无奈，用不吃饭的绝食行为抗议，弟子们焦急地问他为何不饮不食？百丈禅师道："既然没有工作，哪能吃饭？"

弟子们没办法，只好将工具还给他，让他随众劳作。百丈禅师这种"一日不作，一日不食"的精神，后来成为丛林千古的楷模！

勤劳对于好学上进的人来说，不仅是一种品质，更是点燃智慧的火把。我们所说的勤劳，不是蛮干，而在于灵活、创新，善于珍惜时间，勤于学习，勤于思考，勤于探索，勤于实践，勤于总结。看古今中外，唯有勤劳者，才能在知识的海洋里摄取到真智实才，才能不断推进人类的发展，社会的进步。

品悟人生

勤在当下，积极的、全面的发展自己，让我们与勤劳为伴，让我们的生命在成长中变得丰盈而充实。

一切成功源于勤奋

成功源于勤奋，本杰明·富兰克林，作为美国伟大的科学家、政治家，他非常强调实干精神，同时也用行动去证明他是一个实干家。

本杰明·富兰克林不管在哪儿都是身体力行，总是用实际行动去强调实干精神，他在印刷所打工时，别人下班了，他还在车间里埋头苦干或学习一些有关印刷的专业知识，一段时间后，他出色地掌握了专业技能，并且凭着实力成为领高薪的工头。成为了工头后，他在上班期间总是以最高的效率工作，工余时间抓紧时间读书。后来，本杰明·富兰克林用自己挣的钱买机器设备，筹办自己的印刷所，并且经过不断的努力终于在激烈的竞争中获胜。在本杰明·富兰克林创业初期，他亲自参与印刷所和报纸的一切事务——撰稿、编辑、策划广告、排版、印刷、修理设备等工作。当时他所买的那些简陋的印刷机难免会出一些故障，因而本杰明·富兰克林就算是通宵达旦地工作也要争取解决故障、按时完成业务。为了事业，他没有时间去娱乐场所，没有时间和人闲聊，没有时间钓鱼打猎，偶尔有些时间，他也都用于读书。总之，他一直在勤奋地工作。另外，本杰明·富兰克林在科学上的贡献也是举世瞩目的。他也揭示了电的本质，提出了"正电"和"负电"的概念，在光学、热学、声学、数学、海洋学、植物学等方面都有很深的造诣，发明了避雷针、新式火炉、电轮、三轮钟、双焦距眼镜、自动烤肉机、玻璃乐器、高架取书器、新式路灯等等物品。

勤奋工作，是一种敬业精神，是对工作的负责，是对既定目标的追求，是鞠躬尽瘁。古语说得好："只要功夫深，铁杵磨成针。"只有全身心地投入到工作中去，才能把工作做得出色。

有很多人渴望赢得成功，但又不愿意去勤奋努力工作，这些人希望工作轻轻松松、一帆风顺，可是天下哪有如此便宜的事？当机会向这些人叩门时，他们或视而不见，充耳不闻，最终在懒懒散散中了此一生。

如果你希望一件事快速而圆满地完成，那就不妨勤奋一点、忙碌一点，不要让懒惰吞噬你的心灵。如果你永远保持勤奋的工作态度，你就会得到他人的称许和赞扬，就会赢得他人的器重，同时也会获取一份最可贵的资产——自信。

我们必须认识到，任何人都要经过不懈的努力才能有所收获，收获的成果完全取决于这个人努力的程度，而没有机缘巧合这样的事存在。我们不能被动地等待机会，我们只有靠自己的努力与苦干才能去创造机会，创造未来。

韦尔奇说："勤奋就是财富，勤劳就是财富。"

美籍中国物理学家丁肇中教授，因发现"J"粒子而获得1976年度的诺贝尔物理学奖。获奖后，他仍继续发奋攻关，于1979年又获重大成果——发现了“胶子”。他为什么能接连获胜呢？这是因为他在获奖后不但没有放松自己，反而自我加压。他每天只睡四至六小时，硬是挤出时间用在科学研究上。

人们总是责怪命运的盲目性，其实命运本身远不如人那么盲目。天道酬勤，财富掌握在那些勤勤恳恳工作的人手中。人类历史的研究表明，在获得巨大财富的过程中，一些最普通的品格，如公共意识、注意力、专心致志、持之以恒等等，往往起着很大的作用。即使是盖世天才也不能小视这些品质的巨大作用，一般人就更不用说了。而事实上，那些真正的天才恰恰相信常人的智慧与毅力的作用，而不相信什么是天才。

数学家华罗庚说过：“我不否认人有天资的差别，但根本的问题是勤奋。我小时候念书时，家里人说我笨，老师也说我没有数学的才能。这对我来说，不是坏事，反而是好事，我知道自己不行，就更加努力。我经常反问自己：‘是不是我努力得不够？’最终我成功了，是通过我的努力。”

品悟人生

勤能补拙，勤能成功。

懒惰让人一事无成

懒惰的习惯让人一事无成，懒惰的习惯使人有了想法也会主动放弃；懒惰的习惯令人厌倦几乎所有的事情，对任何的事情都不感兴趣，也没有任何行动的动力；懒惰的习惯使人总是浑浑噩噩，不知道自己要干什么，庸庸碌碌度过自己的一生。所以米哈伊·德·蒙田曾说过，“非凡的才华，也会被懒惰扼杀。”

有一个人活到二十几岁就死了。阎王在生死簿上发现这个人应该有一千两黄金的财运，并且可以活到60岁。到底是什么原因改变了他的命运，吞噬了他的财富呢？阎王感到很奇怪，于是就去调查此事。

阎王叫来财神。财神说："我看这个人的文学天赋不错，写文章一定会成名，所以就把一千两黄金交给了文曲星。"

阎王叫来文曲星。文曲星说："这个人虽然文学天赋不错，但武功的潜能更好，我就把一千两黄金交给了武曲星。"

于是又叫来武曲星。武曲星说："这个人文才武略的素质都不错，但是太懒惰，我不知道怎样让他拿到这一千两黄金，只好把黄金交给了土地公。"

阎王再宣土地公。土地公说："此人实在太懒了。我怕他拿不到黄金，就把黄金埋在他家的庭院里，他只要去庭院里挖上一锄头就能挖到黄金，可是他从来就没有挖过，活活地饿死了。"

阎王听完汇报，说了声"活该"，就把一千两黄金充公了。

贫穷不是罪，但因懒惰而导致贫穷则是一种罪。懒惰让人失去目标，失去热情，失去机会，即使是天赐良机摆在我们身边，我们也对它视而不见。这样懒惰的人，你说他对得起上苍给我们安排的美丽人生吗？

达·芬奇曾经说过："勤劳一日，可得一夜安眠；勤劳一生，可得幸福长眠。"如果一个人懒惰一天，那便是浪费了一天的光阴，可能浪费了一个绝佳的成功机会；如果一个人懒惰一生，那就是毁了自己的人生，让自己带着失败的烙印走向死亡。

品悟人生

爱因斯坦说过："在天才和勤奋之间，我毫不迟疑地选择勤奋，它几乎是世界上一切成就的催生婆。"勤奋能弥补先天的不足，而懒惰足以让所有的优势损失殆尽。人一旦被懒惰所支配，就一无可为了。

天道酬勤，懒惰人生要不得

懒惰与贫穷还是孪生兄弟。因为懒惰，所以贫穷；因为贫穷，因此容易懒惰。所以，一个人要想改变命运、改变贫穷，必须舍弃懒惰，勤劳精进。贫穷不可怕，可怕的是懒惰。一沾懒惰，富可变穷，穷或成恶，至无所不为。因此，对于“懒惰”一词，不可不深戒自儆也。

很久以前，在一个偏远的小镇上，有三个人坐在一个小旅店的外面。他们看见一个送葬的队伍经过，便让一个在小旅店工作的年轻人去打听打听是谁死了。

小伙子回来说：“是你们的老朋友，名叫‘成功’，他被一个看起来挺可爱的名叫‘懒惰’的贼悄悄地谋杀了。”三人中年龄最大的人转过身，对他的两个朋友说：“这个叫‘懒惰’的家伙到底是谁？为什么人们都讨厌他，他又为什么要谋杀人呢？咱们一起去找‘懒惰’，然后把他干掉，免得他再害人。”于是，他们打算去找“懒惰”，终止他的罪行。

他们走进小旅店，向旅店老板打听到哪儿才能找到那个叫“懒惰”的家伙。老板说：“沿着这条路走5公里，有一个村庄。最近，那里流行一种瘟疫，男女老少都吃了睡，睡了吃，根本无心做事。我敢肯定，在那个倒霉的地方，你们一定能找到那个叫‘懒惰’的家伙。”

三个人朝那个村庄出发了，他们精神抖擞，情绪高昂。他们刚刚走了3公里就碰上了一个相貌丑陋的老太太。他们嘲笑那老太太的皱纹和她的缕缕灰发，还取笑她的脏乱的衣服，尽管老太太神色惊慌，可是他们还是挡住她的路，不放她走。

“求求你们，给我让条路吧。”老太太哭泣道，“我告诉你们，‘懒惰’正在追缠着我，想杀死我，我必须逃掉，才能活下去。我不想死，赶快把路让开。”

“我们不会让开路的，”那个领头的人说，“快告诉我们到哪里才能找到那个叫‘懒惰’的家伙？他杀了我们的好朋友‘成功’，等我们找到他，我们一定要把他碎尸万段。”

那老太太说：“先生们，如果你们真想找到‘懒惰’的话，只要跑到那山顶上，看到一座红房子，你们就能找到它。”

三人听到这话，就放老太太走了。

他们跑上山走进那座红房子里，并没有发现‘懒惰’，却发现那座红房子简直就是天堂。房子里面有精美的食物，有无数好玩的器具，有舒适的床铺，有漂亮的衣服，还有用不完的金钱。在这里什么都不用做，只有享不尽的荣华富贵。三个人开心地看着这一切，很快就把寻找“懒惰”的事忘得一干二净。

从此以后，三个人什么也不做，只是吃喝玩乐，尽情享受。渐渐地，他们身体长得肥胖了，精神变得颓废了。由于什么都不愿做，疾病也渐渐缠上了身，但他们谁也不愿放弃这种舒适的生活，他们每天和那个看起来挺可爱的“懒惰”成了形影不离的好朋友。

有一天，他们突然看到“死亡”正微笑着向他们走来。他们惊慌地想离开，而“懒惰”却紧紧地压迫着他们，不让他们动弹。就这样，三个人都被“死亡”带走了，和那个被“懒惰”杀死的“成功”埋在了一起。

看了这则寓言，你还认为懒惰是一种享受吗？其实，人多数是不懒惰的。你看，耳朵天生是要来听声音的，人们希望听得更远、更大声，于是发明了扩音机、广播机；眼睛天生是用来看世间万物的，但是人觉得看得不够，希望看得更高、看得更真，因此又发明了显微镜、望远镜；而双脚天生应该是用来走路的，但人又希望能与时空竞赛，人们又发明了脚踏车、机车、汽车、飞机等。

惰性是人的一种天性，不过惰性的表现往往只不过是你自己的一个念头，只要你能够把这个念头打消，那么懒惰也就会从你的身上逃走了。赶走了懒惰的你，就自然而然地会自己动手改造自己，你的许多实践，你的许多行动，都会在你的勤劳中获得回报。一旦你学会了一项新的技能，那么你将可以利用这项新技能提高你的人生质量，而这一提高，将会使你感到你是在主宰着你自己的人生。既然你已播下良种，又赶走了惰性，那么你就不可能没有良好的收获。

品悟人生

一个人，天生两只手，就是要做事；生来一双脚，就是要走路；甚至眼睛要看、耳朵要听、嘴巴要讲话，都是天赋于人的本能。如果不用，人不就成为废物了吗？

不管多累，都要像蚂蚁一样工作

为了寻觅一颗米粒，小小的蚂蚁宁可翻山越岭，爬上爬下；为了把食物驮回家，小小的蚂蚁宁可无数次地从山头滚下，然后又重新赶路。蚂蚁是最勤奋的动物，也许这已得到世界上大多数人的公认。蚂蚁的一生都是在不停地忙碌中度过的，除非是下雨天，蚂蚁才会允许自己休息一下，除此之外的时间里蚂蚁都在重复着相同的工作而从不懈怠。

如果我们也能像蚂蚁那样勤奋工作而不倦怠，那么我们还有什么理由不能成功呢？

乔·雷诺兹曾说过："如果你富于天资，勤奋可以发挥它的作用；如果你智力平庸，勤奋可以弥补它的不足。"

天道酬勤，成功不是无缘无故到来的，失败也不是无缘无故降临的，只有那些不肯付出辛苦汗水的人才是人生最大的失败者。因为，在成功的道路上，除了勤奋，是没有任何捷径可走的，在每个成功者的身上，都可以看到勤劳的好习惯。

一位著名的钢琴家，最擅长演奏旋律复杂多变的乐曲，他高深的琴技很受喜爱古典音乐者的欣赏。

有天晚上，这位钢琴家举行音乐演奏会，有位听众听了他出神入化的演奏之后，简直无法相信这是来自于人间的曲子，他固执地认定这位钢琴家一定是用了什么魔力的琴才弹出这么优美的曲子。于是他要求钢琴家允许他看一下这架具有魔力的钢琴。

然而他发现这琴跟普通的琴没什么两样，他心里觉得很奇怪。钢琴家看出他的心事，便笑着问："你觉得奇怪是吗？老实告诉你，随便什么东西，只要上面有弦，我都能弹出美妙的声音。"

那人便问："鞋子也可以吗？"

小提琴家回答："当然可以。"

"不可能"，那人惊奇地叫道，但他还是立刻脱下有些破旧的皮鞋递给他，钢琴家接过皮鞋，在上面钉了几根钉子，又装上几根弦，准备停当，便弹了起来。令人惊奇的是，皮鞋被他弹出的曲调竟跟钢琴没什么两样。

离开勤奋，成功只能是一场空谈，天下没有不经过勤奋努力而得来的收获。成功是勤奋得来的，只有辛勤劳动，才会有丰厚的人生回报。即使给你一座金山，你无所事事，也迟早有一天会坐吃山空的。

华罗庚曾说："勤能补拙是良训，一分辛苦一分才。"作为世界体坛升起的巨星姚明以亲身经历证明了这句话的正确性。

姚明的成功与他自己的勤奋是分不开的，在NBA里，就体质而言，他并无优势，但不相信命运的姚明相信勤能补拙。虽然刚刚打球时，他连跑都跑不好，但是他相信只要经过训练，熟能生巧，于是他加紧训练，并不比其他队员落后，那时姚明一天从早到晚要练四次，甚至到了晚上也要训练，没有星期天，每天的事情除了训练还是训练，以致那时负责给队员洗衣服的师傅说："姚明是出汗最多的一个，大冬天里，他的毛巾也能拧出汗来！"

如今人才济济，竞争激烈，要想从中做出一番成就，离开勤奋简直没有任何希望。在职场中立于不败之地的英雄所凭借的绝不是安逸中的空想，而是艰苦中的勤勉和奋发。

曾参，孔子的弟子，他天资愚笨，然而他勤奋好学，终有所成，孔子的著作就是由曾参传习下来的。愚笨不要紧，只要肯勤奋。鲁迅说："哪里有天才，我是把别人喝咖啡的工夫用在工作上。其实即使是天才，在生下来的时候第一声啼哭，也和平常儿童一样，绝不会就是一首好诗。"

所有的成功之花都需要滴滴汗水的浇灌，所有舞台上的笑容都需要台下千万次泪水的浸泡，世界是公平的，一份汗水一分收获，天下没有免费的午餐。

品悟人生

永远比别人勤奋一点：如果你能 8 点钟上班，就不要拖到 8 点半；如果你能在周一把工作完成，那就不要拖到周二；如果你能把玩游戏的时间用到工作上，那就不要在任何时间玩游戏；如果你能将本来 3 分钟的汇报缩简到 2 分钟，那就不要总是浪费那 1 分钟……珍惜时间，克制贪玩，提高效率，更重要的是在心里告诉自己不准"偷懒"，才能做到真正的勤奋。

除了自己，没人可以拯救你

一个人要想有成就，依赖别人是做不到成功的。因此，在人生的大舞台上，有时你必须扮演"自救"的角色。如果你不扮演这个角色，这出戏就很难演了。

有一位学术界知名的学者曾告诫青年学生们说："如果你过分依赖别人，那你就会很容易上当，因为你不能辨别别人的话究竟是对的还是不对的，而你对别人的动机也就茫然不知。"成大事者的身上具有许多种优良品质——勇敢、忠诚、创新、进取，当然独立也是这些品格中不可缺少的品质之一。有些年轻人生活在优越的环境里，溺爱使他们失去了自救的本领，因此成为了生活中的低能儿，养成了依赖别人的习惯。

他们在父母的羽翼下安然无恙地生活，感受不到外界的任何干扰，但是一旦走出家庭，面对社会，他们的缺陷就会暴露无遗，面对竞争激烈的社会，他们有时做不到适者生存，自我拯救，在现实面前，屡屡碰壁，真是令人担忧。

李明翰是一名优秀的学生，从小学到高中毕业，学习成绩一直名列前茅。然而就是这样一个高智商的优秀生，在生活中却是一个低能儿。从进小学到中学毕业的12年，由于他学习成绩好，深得学校老师们的称赞和父母的厚爱。父母为了使他集中精力读书，成为一个有出息的人，家中什么活儿都不让他干，甚至连他的床铺也是父母替他收拾的。每次吃饭都是母亲把饭端到他跟前。真可谓饭来张口，衣来伸手。因此，到他十七八岁时，和他同岁的孩子，什么活都能干，也都会干，而他却连叠被子、洗碗的基本劳作都不会。

李明翰参加高考，以全县第一名、全省第三名的优异成绩，考入了全国重点大学。这一振奋人心的喜讯，给家里带来前所未有的欢乐，亲戚朋友都投以羡慕的目光，称赞他聪明。同年夏天，李明翰以无比兴奋的心情，来到了首都，跨进了令人向往的大学，实现了成为一名大学生的理想。然而，当他开始大学生活没多久，由于他没有起码的生活能力，自己不会洗衣服，不会缝补衣服，不能独立生活，感到十分苦恼，尽管同学们也给了他应有的帮助，但还是解决不了他的实际生活问题。

在这种情况下，他只好向校方申请休学。学校根据他入学后的实际情况，批准了他的申请。第二年开学时，学校给他寄去了复学通知书。但谁也没有料到，接到复学通知书的李明翰，居然因惧怕离开父母后自己不能面对生活而悲观厌世，在这种思想驱使下，他纵身从高楼跳了下去，过早结束了自己的生命。

社会是充满竞争的地方。如果你要做一个成功的人，那就应该是个品格独立的人。这并不是教你在社会上打肿脸充胖子，更不是教你万事不求人，而是想告诉你，在这个世界上每个人都在忙自己的事，每个人都有自己的事需要做。

自我拯救能够取代朋友、金钱和门第带来的帮助。敢于“自救”、不惧困难、在障碍面前毫不犹豫、对自己的办事能力有足够信心的人，就是一个能成大事的人。世上的每个人，只有当他感到所有外部的帮助都已被切断之后，他才会尽最大的努力，充分发挥出自己的潜能，以最坚忍不拔的毅力去奋斗，因为主宰命运沉浮的只能是他自己的努力，他必须学会“自救”，否则生命之舟就会沉没。

人，要相信你来到这个世界上是带有目的的，是为了造就你自己，是为了帮助别人，是为了扮演一个别人替代不了的角色的。

品悟人生

自己拯救自己是成大事的天规！只有把自己当作对手，不断超越自我，才能成功。

第五章

别把“心动”当行动，想得好不如干得好

“千里之行，始于足下。”风景在远方，一个人如果只知道憧憬，而不肯迈出第一步，那他就永远无法身临其境，真正地体会风景的迷人之处。

切记：徘徊和等待，留给人生的只能是悔恨和遗憾。路就在脚下，从现在开始，迈出你宝贵的第一步吧！

优柔寡断是一切成就的“刽子手”

在很多时候，一个人会发现他处于紧急关头，这时必须立刻做出决定，尽管他明明知道从自己所有的经验和知识来看，那一定不是一个成熟的决定。然而不行动，不立即执行，他会面临更危险的地步，所以，他必须做出决断，因为人生中许多重大的决定都是会在紧急关头做出的。

人永远都不要让反复思考使你摇摆不定，从这边到那边，又从那边回到这边，试图平衡所有的考虑，做很多的无用功。决定一旦做出，就是最终的不可动摇的，然后全力以赴，付诸于行动，即使有的时候会犯错误，也比永远在考虑、权衡、优柔寡断的人要强。因为决策时的信心将产生出一种新的独立的精神力量。

果断的人，能够迅速、敏捷、坚定地做出决策，如果是领导者，他的追随者会对他抱有信心，人们通常才会把这种人置于信任的位置。因为没有人愿意看到在责任重大的关键位置上有一个优柔寡断、经常拿不定主意的人。

下面我们看一个纽约州选举州长的故事。一位知识丰富、天资聪慧而又颇受欢迎的候选人，被主持任免工作的政党领袖们视为最佳人选。当晚在举行任命会议之前，他们在餐桌上见面了。这位候选人的口味特别挑剔，他在每道菜上都要犹豫半天。

“先生，需要野味吗？”点完菜后，服务员问道。

“你们有哪些野味呢？啊，鹌鹑！给我来鹌鹑吧——哦，不！这里有野鸡啊。如果方便，还是要点野鸡。”

当服务员走了以后，他没有说什么，却表现得十分焦急不安。随后，野鸡上来了，他嘀嘀咕咕道：“我想我还是都要了吧。来一只鹌鹑。对，两种都来点儿。”

但是，当两个盘子放在他的面前的时候，他极其不高兴地把它们推到一边，大声喊道：“全部拿走！我一点野味也不想吃了。”

当晚餐结束后，他离开了餐厅。

一种几乎没有异议的看法在餐桌上形成了。

“不行，先生们，”一位领导人说，“这个人是这样的犹豫不决，他连自己吃什么肉都不能做决定，缺少当纽约州州长必须具备的素质。我们需要的是这样的人，他作为州长，以后可能是总统，他可以有别的什么缺点，但是千万不能在做决定时因为不必要的犹豫和耽搁而遭弹劾。”

“一个不能决断的人，”约翰·福斯特说，“就永远不能说他属于他自己。因为，如果他勇敢地宣称他要去做某件事，随之而来就会有许多起相反作用的力量缠绕着他，轻蔑地揭示他决定中的错误之处，而那些决定本来是能证明他的判断力和意志独立性的。他属于任何能够缠住他的事物；当他试图前进的时候，问题一个接着一个地困扰着他，使得他寸步难行，就像浮萍一样，河边的任何杂草、水中的任何漩涡，都能使它们停留在原地打转。”

当断不断，反受其乱，犹豫不决是一个恶性的漩涡，一旦沾染上这种习惯，你就会很快地迷失方向、迷失自我。

品悟人生

只有培养自己果断、雷厉风行的品质，才能让你实现人生的真正高度。

行动比什么都重要

成功没有捷径，想达到自己的目标就要努力去做。行动起来至少你还拥有一线机会，只想不做你就只会一无所有。

乳牛跑进了田地里，你成天对着乳牛数落它的不是，但这并无法把它从田中赶出来，无疑是对牛弹琴。换个做法，你何不把它牵出来拴住，在草地上搭个围栏，这样既可以喂饱牛，又可以防止它再闯进田中。

成功与失败的区别在于：前者动手；后者动口，却又抱怨别人不肯动手。

《论语》中说："君子讷于言、敏于行。"这句话翻译成白话文便是："君子不大说话，但勤于行动。"简单地说就是"行动胜于言论"。这岂不是许多人应该反省的吗？

要了解一个人，看他的行为比听他说更准确。你的所作所为，是衡量你是怎样一个人的唯一标准。爱默生说："不要说个不停。你是个怎样的人，此刻就明摆在眼前，比你说得更清楚，所以我不用听你所说的。"

一个人在孩童时就一直想学弹钢琴，但他没有钢琴，对此他深感遗憾，决定长大后一定要找时间去学钢琴，但他似乎没有时间。这件事让他很沮丧，当他看到别人弹钢琴时，他认为"总有一天"他也可以享受弹钢琴的乐趣，但这一天总是那么遥遥无期。光是知道哪些事该做仍是不够的，你还得拿出行动来。

万事开头难。行动的第一步是最难迈出的。很多人执著于周全的计划、详细的谋划。他们把各种困难全部一一排列出来，然后在脑海中找寻各种克服的办法，结果又有新的困难产生，越来越千头万绪。最终被千头万绪的困难压倒，在行动之前就放弃了。这种人明显缺少决断力与行动力。实际上，有再远大的先见之明，再准确的判断，如果不付诸行动，也是毫无意义的。

有一个分公司，经理、科长都是大学生、硕士水准，但整个公司的运作效率却出奇地低，有许多次商机都没有抓住。总公司深感疑惑，经过调查，明白了原因。原来每当开会时，每个人都有自己的方案与计划。而每当一个人提出方案与计划时，总能会被其他人挑出许多毛病来。一场会议下来，十个提案能通过一个就算不错的了。

总公司根据这种情况，另选派了一位员工出任分公司总经理。这位男士并非科班出身，而是一位从员工做起，一步步凭实绩升上来的实干家。结果在以后的会议中，尽管有些提案受到许多指责，但这位老总只要觉得有可取之处，立马拍板通过。虽然也有过一些错误的决定，可公司的运作效率上升了 10 倍不止。

这位总经理在一次会议上向大家解释了自己的做法："首先跨出脚步之后，边做边想是我一贯的做法，也因此会受到一些挫折。但你不迈出第一步，就什么也没有。"

事实上，不能期待每次行动都有良好的效果，所谓万无一失的计划只是纸上谈兵。不行动起来是不会有结果的。当然，这里并不是否定三思而后行的规则，只是说做了后悔胜过不做而后悔。机会不会属于不敢行动的人。就像股市风潮，敢于做的人并不见得有什么精深的财经知识，但他们做了，成功了，而不敢做的人就错失了千载难逢的发财机会。

采取行动吧，行动见真知，事情的结果可能会是多种多样的，有些事情做了也未必成功，但如果你不行动更注定了要失败。赶快行动吧！就趁现在。

品悟人生

在我们的生活里，很多人都知道哪些事该做，然而总有一些人不是真正身体力行地去做。

如果有个好主意不妨试一试

很多成功者的成功都源自于自己对自己一个好主意的尝试，尝试后，觉得可行，那么继续下去，所以就成功了。

1977年，米歇尔·戴尔刚满12岁。一个午后，他的父母和兄弟都到墨西哥湾钓鱼，而他却坐在沙滩上，费劲地摆弄着钓具，他在将几个钓钩拴到一根线上。家人都认为他在浪费时间，说道："拿根竿子跟我们一块儿钓吧，凑个趣儿，别白费劲了。"

然而米歇尔继续干着，直到晚饭时刻，大家都准备结束一天的活动的时候，他才安好了那副奇特的钓竿，并把鱼线远远地抛出去，末端系到一根深插于沙土中的杆子上。

饭罢，大家都戏弄米歇尔，说他会空手而归的。但是当米歇尔把钓线拉起时，上钩的鱼比全家人钓的所有的鱼都多。

米歇尔总喜欢说："如果你认为你的办法不错，就不妨试试。"29岁的米歇尔深知一个好主意的真正价值，正是这些好主意，使他从一文不名而一跃成为拥有亿万资产的企业巨头，成为全美第四大个人电脑制造商，他的公司曾名列由《幸福》杂志评出的全美500家联合企业的前茅。

上高中时，米歇尔通过为休斯敦《邮报》做预付款征订工作挣了2000美元，他用赚得的钱买了他的第一台个人电脑。买回来之后，他就把它拆开，揣测它是如何工作的。这以后，他又找了一份卖报纸的工作。他认为新婚夫妇是买报纸的最佳对象，于是就雇了几个朋友将最近登记的新人的姓名和住址记下，然后全部存入电脑，再亲自写信给每对夫妇，同时免费赠送两周的报纸。这个办法果然奏效。不久，他赚了18万美元，买了一辆汽车，看到这个17岁的孩子支付现金，车商大吃一惊。

第二年，他报名到休斯敦的得克萨斯大学就读，像其他的新生一样，他得自己去挣学费。此刻校园里的人们都在谈论个人电脑，人人都想弄一台，但经销商们将价格抬得很高，人们需要的是价格低廉、根据专业特点灵活设计的电脑。这时，米歇尔敏锐地发现了这一点。“这些经销商将价格提得这么高，又能赚多大利润呢？”他沉思着，“为什么不能将产品从制造商手中直接送到最终用户呢？”

由于电脑经销商的价格昂贵的机器无法一下子售完，同时还要付出一笔可观的机器存放费，米歇尔终于以成本价买下经销商们的库存电脑，并且给它们增设了附件来提高其性能。很快，这种性能更优越、价格却便宜得多的电脑一上市便供不应求，市场十分看好。

感恩节放假时，米歇尔的父母担心他的学习受到影响。父亲恳切地说：“如果你想经商，可以在你拿到学位以后再干。”

米歇尔同意了，但回到休斯敦后，他又开始推销机器——这一次干得更起劲儿。

春季休假日，米歇尔向父母坦率地承认他仍在做计算机生意，而父母更想知道他的学业怎样了。

“我不得不放弃学业了，”他答道，“我想开办自己的公司。”

“你到底想干什么？”父亲问。

“和 IBM 竞争。”他耸耸肩，轻松地回答。

“跟 IBM 竞争？”现在他的父母真的为儿子担心了。但是米歇尔不管父母怎么说，坚持不改变主意，他还是那句话：这主意不错，为什么不去试试。于是他们达成协议：暑假时他可以开办自己的计算机公司，若是不成功，那么 9 月份新学期就必须回到学校里去。

回到休斯敦，米歇尔用所有的存款，开办了“戴尔计算机公司”，此时是 1984 年 5 月 3 日，他刚满 19 岁。

随着新学期的日益临近，他的节奏快得简直近乎于疯狂。他租了间房子作为办公室，并雇用了第一名雇员，28 岁的经理来负责财务和经营管理。

戴尔的推销工作进展顺利，他将 IBM 的 PC 机都加上自制的附件供应市场，一接到订单，他就拼命组装机器，并以最快的速度送到客户手中。第一个月的销售额达到18万美元，第二个月升到26万美元，连新学年的到来他也没有注意到。

一年中，他平均每月售PC机1000台，为了保持这种节奏，他搬到了更大的房间雇用了更多的人员。当客户的订单达到800份时，雇员们便开始组装电脑。为减少库存和通常开支，零部件仅在急需时才订购。送货卡车每天都送货上门，这使米歇尔的公司一直保持着较高的利润率。

米歇尔坚信：质量是企业的生命。他给他的客户提供绝对的质量保证，用户若不满意，保证退款。他开设一条24小时免费服务热线，可以使用户直接跟技术人员联系，大约有90%的用户技术问题可通过电话来解决。

跟客户频繁的电话接触使公司更能贴近市场，用户直接可让公司知道他们喜欢或不喜欢哪种型号或式样。“我的竞争对手是先发展产品，然后告诉客户他们应该需要什么；而我则相反，我们是市场需要什么就发展什么。”米歇尔自豪地说。

到米歇尔的同学们大学毕业的时候，他的公司年营业额已达到7亿美元。戴尔停止了原来那种在PC机上添设部件的方式，而是开始自行设计、装配、寻找自己的市场。

今天，戴尔公司在16个国家设立了分支机构，公司收入达20多亿美元，雇有职员5500多名。戴尔的私人财产估计在2.5亿至3亿美元之间。为鼓励更大生产，戴尔公司给提出好建议的雇员以丰厚的奖励，即使有些做法没有取得成功。戴尔说：“我们的成功迫使这些大公司之间竞争更加激烈，而这更能让客户得到收益。”

戴尔与妻子及两岁的女儿过着简朴的生活，然而对社会，他却慷慨大方，乐善好施。曾经他捐赠一块土地作为休斯敦犹太社区的居住中心。戴尔还定期到得克萨斯大学工商管理研究生院给那里的MBA们做报告。

米歇尔·戴尔不止一次地回忆起这个情景：他曾告诉他的朋友们，他的梦想就是成为世界上最大的私人电脑制造商，而朋友们当时则认为戴尔是个十足的幻想家，梦想是不会实现的。

“为什么大家都甘做第二、第三或第十呢?”米歇尔常说。

从成功者的身上我们可以得到这样的启示：为什么有机会时不去试一试，去实现你的梦想？

品悟人生

有好主意就去试一试，是驴子是马不妨拉出来溜溜，成功没有什么特别的诀窍，往往就诞生在一个想法之中。

现在就干，马上行动

成功者认为，一个人不管干什么，应该尽早去做，否则就会迫于形势而去做某事。立即行动，成功者出发比你早，因此，成功也来得比你早。

你知道著名品牌肯德基是怎样打入中国市场的吗？

刚开始公司派了一位代表来中国考察市场，他来到首都北京，看到街道上人头攒动的场面，内心激动不已，尽情地畅想着肯德基一旦在中国站稳脚跟后的美好未来。在我们看来那位代表的工作也算得上是尽职尽责了，但回到公司后总裁还没等听完他的“美好遐想”就停止了他的工作，另派了一位代表来北京。

新代表与上一位不同的是，他先是在北京几条街道测出人流量，进行了大量的实地走访，然后又对不同年龄、不同职业的人进行品尝调查，并详细询问了他们对炸鸡的味道、价格等方面的意见，另外还对北京油、面、菜甚至鸡饲料等行业进行广泛的摸底研究，并将样品数据带回总部。

不久，那位代表率领一帮人又回到北京，“肯德基”从此打入了北京市场。

第一位商业代表之所以不被重视，并不是因为他没有好的创意，而是他的创意只是停留在空谈上。后来的这位代表是一位想到就做，马上行动的人，他不但有让“肯德基”驻足中国市场的美好创意，还坚定地通过行动来立即着手实现这一创意。

如果我们认准了一项工作，那么我们就要立即行动，因为世界上有95％的人都因拖延懒惰而一事无成。一日有一日的理想和决断，对有些人来说时间是金钱，对有些人来说时间是废品，但一百次的胡思乱想抵不上一次的行动。

如果你犯了一个错误，这个世界将会原谅你。但如果你未做任何决定，这个世界将不会原谅你。当你养成“现在就动手做”的工作习惯时，你就掌握了个人进取的精髓。

你的工作能力加上你的工作态度，决定你的报酬和职务。那些工作效率高、做事多并且乐此不疲的人，往往担任公司最重要职务。当你下定决心永远以积极的心态做事时，你就朝自己的远大前程迈出了重要的一步。

一开始，你会觉得坚持这种态度很不容易，但最终你会发现这种态度会成为你个人价值的一部分。而当你体验到他人的肯定给你的工作和生活所带来的帮助时，你就会一如既往地用这种态度做事。

忙碌的人不肯拖延，效率高的人往往有限时完成工作的观念，他们确定做每件事所需的时间，并且强迫自己在预期内完成。

有一位心理学家多年来一直在探寻成功人士的精神世界，他发现了两种本质的力量：一种是在严格而缜密的逻辑思维引导下艰苦工作；另一种是，在突发、热烈的灵感激励下立即行动。

沃尔特B·皮特金有一次在好莱坞时，一位年轻的支持者向他提出了一项大胆的建设性方案。在场的人全被吸引住了，它显然值得考虑，不过他们可以从容考虑，然后讨论，最后再决定如何去做。但是，当其他人正在琢磨这个方案时，皮特金突然把手伸向电话并立即开始向华尔街拍电报，以电文热烈地陈述了这个方案。当然，拍这么长的电报花费不菲，但它转达了皮特金的信念。

出乎意料的是，1000万美元的电影投资立项就因为这个电文而拍板签约。假如他们拖延行动，这项方案极可能就在他们小心翼翼的漫谈中自动流产——至少会失去它最初的光泽。然而皮特金立刻付诸行动了。

很多人羡慕皮特金办事如此有效率，然而事实是，他之所以办事，就是因为他在长期训练中养成了“马上行动”的习惯。

世间永远没有绝对完美的事，“万事俱备”只不过是“永远不可能做到”的代名词。一旦延迟，愚蠢地去满足“万事俱备”这一先行条件，不但辛苦加倍，还会使效率失去应有的作用。以周密的思考来掩饰自己的不行动，甚至比一时冲动还要错误。

很多时候，你若立即进入工作的主题，将会惊讶地发现，如果拿浪费在“万事俱备”上的时间和潜力处理手中的工作，往往绰绰有余。而且，许多事情你若立即动手去做，就会感到快乐、有趣，加大成功几率。

马上去做、亲自去做是成功者的做事理念，任何规划和蓝图都不能保证一个人的成功，唯有做出来才知道结果如何。很多成功者之所以能取得今天的成就，不是事先规划出来的，而是在行动中一步一步经过不断调整和实践出来的。因为任何规划都有缺陷，与实际总是有距离的，规划可以在执行中修改，但关键还是要马上去做！根据你的目标马上行动，没有行动，再好的计划也是白日梦。要想成为成功者，现在就动手去做。

品悟人生

现在就干，立刻行动，你就已经走在成功的路上了，而不停止，你的成功会比任何人都来得要快。

立即、主动抓住机会

机会是成功的跳板。成功者不是让“好心人”送来机会，而是主动抓住机会，从机会中打捞自己想要的“黄金”。

只要提到手机市场，人们就会不约而同地想到摩托罗拉，保罗·高尔文就是摩托罗拉公司的创始人和缔造者。成功后的高尔文，常有人向他讨教成功的秘诀，每当这时，高尔文就总会讲起自己小时候卖爆米花的故事。高尔文出生在美国伊利诺伊州的一户平民家庭。10岁那年，高尔文在一个名叫哈佛的小镇上念书。

哈佛镇当时是个铁路交叉点，火车一般都要停留在这儿加煤加水，于是，许多孩子便趁机到火车上卖爆米花，一个个获利颇丰。

高尔文感到在车站卖爆米花是个不错的买卖，于是，上课之余，他也加入了卖爆米花的行列。为了争夺顾客，孩子们常常会爆发一些“战事”。但每当“战火”烧到高尔文身边时，他总是能很快与对方和解，他常常告诫对方：“我们这样搞下去，谁也做不成生意了。”除了到火车上叫卖，高尔文还想了许多办法来增加销量。他搞了一个爆米花摊床，用车推到火车站或马路上叫卖。还往爆米花里掺入奶油和盐，使其味道更加可口。

1910年，哈佛镇下了场大雪，几列满载乘客的火车被大雪封在了这里。高尔文赶制了许多三明治拿到车上去卖。三明治做得并不太好，但饥饿的乘客们仍抢着购买。高尔文没有趁机敲竹杠。事后，高尔文一算账，惊喜地发现，公平的获利仍让他发了一笔小财。

夏天到来后，高尔文又搞了一种新产品，他设计了一个半圆形的箱子，用吊带挎在肩上，在箱子中部的小空间里放上半加仑冰淇淋，箱边上刻出一些小洞，正好堆放蛋卷，然后拿到火车上去卖。这种新鲜的蛋卷冰淇淋很受欢迎，生意非常火爆。

在火车上做买卖很快成了一个大热门，不但镇上的孩子们纷纷加入竞争行列，而且铁路沿线其他村镇的孩子也纷纷效仿。高尔文隐隐感到这种混乱局面不会维持太久，便在赚了一笔钱后果断退出了竞争。不出所料，不久之后，车站就贴出通告，禁止一切人进入车站和火车上做买卖。

卖爆米花的经历，培养了保罗·高尔文对市场动态敏锐的把握能力，也成了他日后经营生涯中赖以制胜的法宝。在以后的岁月中，每当某些产品或销售进行不下去时，高尔文就会向他的同事们讲述这个“卖爆米花的故事”。

机遇其实是无处不在的，关键看你有没有敢于冒险的精神和勇敢的魄力，墨守成规，守株待兔只能使你与机遇失之交臂。

在德国的一家报纸上有这样一则广告：“有一辆宝马车，八成新，需要卖一马克。”凡是看到这则消息的人都在暗笑，怎么会有这种事，绝对是商家的圈套。但偏偏有一位青年，按照广告上边的地址，找到了售车的主人。

女主人笑道：“你肯定是美国人，而不是德国人。”小伙子很是奇怪，心想：“她怎么会知道我是美国人？”女主人接着说：“德国人太刻板，严谨，而美国人则喜欢追求刺激，富有冒险精神和创新精神。”

原来，这位女主人的丈夫在遗嘱中说，财产分配时要给他情人一辆宝马跑车，八成新。于是乎，女主人出于嫉恨就想出了这么一个办法，将宝马车变成现金送给那位“第三者”。

这位敢于尝试的小伙子，用一元钱便买到了一辆宝马车。

“抓住”你追求目标时每一次机遇，永不放弃。

成功者都会牢牢抓住每一个机遇，有时候境况会变迁，他们也会在变化中抓住产生的每一个机遇，而这些积极主动行为也很快换来了他们的事业上的成就。

品悟人生

立即抓住机会，因为机会总是会稍纵即逝，迅速把握住每个机会，你就多了一份成功的保证，因为好的机会是成功的一半。

拖延就意味着失败

反应机敏的成功者个个都是行动中的巨人，是快速处理问题的高手。在他们的眼里，工作起来拖拖拖拉拉的人是低效率的代名词，是阻碍企业高效率运作的障碍，是无法完成工作和不值得信赖的人。

若要成为一名出色的成功者，若要抓住转瞬即逝的市场机会，就必然是一个反应机敏的“猎豹人”。因为拖延要付出的代价，有时是不可想象的。

1923年，艾尔弗·雷德·斯隆任通用汽车公司总裁。斯隆虽然年纪轻，却有着过人的智慧。斯隆以敏锐的目光洞悉到，美国经过20世纪前20年的繁荣，消费者的眼光已经变了。

简单适用的“马车型”汽车，已经不能满足于消费者的眼光，他们渴求漂亮、舒适、高性能的汽车。一些刚刚崛起的有文化的中产阶级，更是追求汽车的文化梦境。在这样的大环境下，斯隆在任通用公司的总裁后，准备以此为目标，加快研制新型轿车。

当时与通用汽车公司同驻底特律的，还有美国最大的福特汽车公司，总裁埃兹尔是老福特的长子，他也以年轻企业家的敏感，嗅到了斯隆的更新意识。于是，他和技术人员设计了一种T型车。当埃兹尔喜滋滋地把这种新车拿给老福特看时，不料被老福特完全否定。

老款式的T型车，曾获得“廉价小汽车”的名声，广受美国民众的欢迎。它们不但价钱低，而且，质量与性能全国第一。一度曾是美国的吉祥物。

对于老福特来说，T型车是他的神话，是他的孩子，是他梦想得以实现的载体。在T型车里承载的是他的辉煌，他不许任何人向它挑战。

老福特愤怒地对儿子说：“T型车销售得很好，我不打算开发什么新车，拖一拖再说吧。”

但是福特可以愤怒地压制儿子，却无法阻止通用汽车公司的总裁斯隆。1925年，通用公司推出了崭新的雪夫莱。新车问世的当年，就逼得福特汽车的市场占有率从57%下降到45%，次年又滑落到40%以下。

总裁坎茨勒再不能看着公司的销售业绩继续下滑，而如果要上马研制开发新型汽车，必须先征得福特公司的董事长老福特的首肯，于是坎茨勒语气委婉地写了一份备忘录，呈送老福特，再次探讨车型问题。尽管备忘录充满对老福特敬意的话语，但老福特也看出了奉承词句后的极度不满。于是，趁埃兹尔赴欧洲考察和度假之机，老福特撤掉坎茨勒总裁的职位，将他轰出了公司。

福特公司研制开发新车型的计划被搁置起来，一拖再拖。

但T型车的销量猛烈下滑。没有办法，老福特只好采用削价的方式来刺激消费者。然而，消费者的口味变了，削价已失去了往日的效力，没有挽住T型车销量的下滑的总趋势。

不能再拖了，老福特也不得不承认这一点，于是他又重新组织技术人员研制开发新款汽车。1927年10月，一辆新A型车，从福特的装配线上开下来，加入了汽车行业的新竞争。

可惜，晚了！通用汽车公司凭借新款雪夫莱，抢占了大部分本应属于福特公司的市场，通用汽车公司与福特公司打了一场漂亮的时间差。

而这一次老福特拖拉不绝的决策，是他辉煌一生的一次严重失误。等于他自己拱手让出了得来不易的市场份额，等于他自己亲自给通用汽车公司的崛起添砖加瓦。至于老福特自己怎样想的，只有他自己心里最明白吧！

拖拉导致的后果，只有用懊悔去偿还吧！

许多人都有不同程度的拖延习惯。这种看似不大的毛病，常常引起出门误车，上班迟到，工作散漫等后果，给老板和同事留下消极的印象。

能拖就拖的人心情总不愉快，总感觉疲乏，因为未做完的工作不断给他压迫感。

拖延并不能省下时间和精力，刚好相反，它使人心力交瘁，疲于奔命。不仅于事无补，反而白白浪费了宝贵时间。

1974年12月的一天，微软公司的总裁比尔·盖茨还是一名大学生。他在一家报摊上发现了一本令他振奋的杂志——《通讯机械学》，它的封面是革新后的新微电脑装备MITS阿尔塔8080。

盖茨买下了那份杂志，然后马上掉头去找他的朋友艾伦，认为两人应该为那台小机器开发一种程序语言。于是盖茨和艾伦就打电话给

MITS创办人埃德·罗伯茨，希望能为阿尔塔提供一套可使用的程序。

埃德·罗伯茨的答复是："我们每天收到大约10封信。我告诉来信的人：'不论是谁，先写完程序的人就得到这份工作'。"盖茨和艾伦大受鼓舞，他们不敢有丝毫的拖延，赶紧用电脑改写BASIC语言程序。

由于他们自己没有阿尔塔8080电脑，只能从杂志的描述上判断它如何运行，然后在哈佛的大型电脑上模拟。这两个年轻人为抢在其他的对手前完成程序，在盖茨的寝室里从1975年2月工作到3月，发疯似的编写程序。

程序编写好后，为尽快送到埃德·罗伯茨手里，由艾伦搭机前往新墨西哥州向罗伯茨展示。因为赶时间，艾伦发现这个尚未修饰过的软件，少设计了一个启动提示，于是加了进去。当艾伦屏气凝神地把程序输入阿尔塔后，程序果真管用，居然一举成功。

盖茨后来说："那是我写过的最酷的程序。"

微软的这两大巨头当初因为害怕得不到希望中的工作，因为要与未曾谋面的对手竞争，不敢有丝毫的拖延，丝毫的懈怠。因此他们打败竞争对手，既赢得了那份工作，也为日后事业的成功，奠定了必胜的心理因素。

品悟人生

拖拉不仅影响工作的效率还会使人慢慢的懒惰起来，它还使人变得落后，跟不上前进的脚步，久而久之，人更会灰心丧气，主动放弃。

迟疑是机遇的天敌

有这样一则寓言：一头驴在两垛青草之间徘徊，欲吃这一垛青草时，却发现另一垛青草更嫩更有营养，于是，驴子来回奔波，考虑吃哪一边的草，最终它没吃上一口青草，最后饿死了。驴子饿死，是因为没有草吗？不是，草足够它吃饱的，可它确确实实饿死了。这是因为它把大部分的精力花在考虑该吃哪一垛草上，而没有去实践吃草。

歌德曾经说过，犹豫不决的人永远找不到最好的答案，因为机遇会在你犹豫的片刻失掉。所以我们必须放弃犹豫不决的习惯，即使是处在混乱中，也必须果断地做出自己的选择。

在圣皮埃尔岛发生火山爆发大灾难的前一天，一艘意大利商船奥萨利纳号正在装货准备运往法国。船长马里奥敏锐地察觉到了火山爆发的威胁。于是，他决定停止装货，立刻驶离这里。但是发货人不同意。他们威胁说现在货物只装载了一半，如果他胆敢离开港口，他们就去控告他。但是，船长的决心却毫不动摇。发货人一再向船长保证火山并没有爆发的危险。船长坚定地回答道："我对于火山一无所知，但是如果维苏威火山像这个火山今天早上的样子，我一定要离开那不勒斯。现在我必须离开这里。我宁可承担货物只装载了一半的责任，也不继续冒着风险在这儿装货。"

24 小时后，发货人和两个海关官员正准备逮捕马里奥船长，火山爆发了。他们全都死了。这时候奥萨利纳号却安全地航行在公海上，向法国前进。

试想一下，如果马里奥船长有迟疑不决的习惯的话，那么他会得到什么样的结局呢？毫无疑问，同发货人一起毁灭。在一些必须做出决定的紧急时刻，你就不能因为条件不成熟而犹豫不决，你只能把自己全部的理解力激发出来，在当时的情况下做出一个最有利的决定。当机立断地做出一个决定，你可能成功，也可能失败，但如果犹豫不决，那结果就只剩下了失败。

所以，成功者要努力训练自己在做事时当机立断的能力，就算有时会犯错误，也比那种犹豫不决、迟迟不敢做决定的习惯要好。现实中，成千上万的人虽然在能力上出类拔萃，却因为犹豫不决的行动习惯错失良机而沦为平庸之辈，要想成为成功者，做任何事都不要迟疑，迟疑了，机遇也就消失了，成功自然与你失之交臂。

品悟人生

机会往往都在迟疑中溜走，迟疑的越久，溜走的机会的也就越多。要想成为成功者，就什么事都不能反应迟钝，而是迅速的行动，不管怎样，先抓住机会再说。

行动是成功的动力

等待和拖延是成功的大忌，它会让你错失良机、会消磨掉你的雄心壮志，所以如果想成为一名成功者，你就应该先学会瞄准目标，主动出击。

《羊皮卷》第九卷中有这样一段：

一切的一切毫无意义——除非我们付诸行动。

一张地图，不论多么详尽，比例多精确，它永远不能带着它的主人在地面上移动半步。一个国家的法律，不论多么公正，永远不可能防止罪恶的发生。任何宝典，即使我手中的羊皮卷，永远不可能创造财富。只有行动才能使地图、法律、宝典、梦想、计划、目标具有现实意义。行动，像食物和水一样，能滋润我，使我成功。

我现在就付诸行动。

拖延使我裹足不前，它来自恐惧。现在我从所有勇敢的心灵深处，体会到这一秘密。我知道，想克服恐惧，必须毫不犹豫，起而行动，唯其如此，心中的慌乱方得以平定。现在我知道，行动会使猛狮般的恐惧减缓为蚂蚁般的平静。

我现在就付诸行动。

从此我要记住萤火虫的启迪：只有振翅的时候，才能发出光芒。我要成为一只萤火虫，即使在艳阳高照的白天，我也要发出光芒。让别人像蝴蝶一样，舞动翅膀，靠花朵的施舍生活；我要做萤火虫，照亮大地。

我现在就付诸行动。

我不把今天的事情留给明天，因为我知道明天是永远不会来临的。现在就付诸行动吧！即使我的行为不会带来快乐与成功，但是动而失败总比坐而待毙好。行动也许不会结出快乐的果实，但没有行动，所有的果实都无法收获。

我现在就付诸行动。

立即行动！立即行动！立即行动！从今往后，我要一遍又一遍，每时每刻重复这句话，直到成为习惯，好比呼吸一般，成为本能，好比眨眼一样。有了这句话，我就能调整自己的情绪，迎接失败者避而远之的每一次挑战。

这几段话激励多少人在事业上马不停蹄，直到获得成功。成功的秘诀就是行动！立刻行动！

有一位数学家，对学问有着很刻苦钻研的精神，每一个问题他都能想上很久很久。

这位数学家的名气很大。尤其是他钻研学问的精神吸引了众多的仰慕者。有一天，一个美丽的姑娘来到他的面前，说："伟大的先生呀！让我做你的妻子吧，我爱你，错过我，你再也找不到比我更爱你的女人了。"

数学家也很喜欢她，但是这么大的事情，总要仔细地考虑清楚才行。于是，就对她说："让我考虑考虑！"

姑娘走后，数学家拿出他研究学问的精神，将结婚和不结婚的好、坏分别逐条列下来，然后仔细斟酌其中的优劣得失，研究了半天，才发现好坏均等，这该如何抉择？于是，他又再次反复论证，以期求出一个结果，为此他陷入了长期的苦恼之中。

后来他的一个朋友知道了这件事，对他说："人若在面临抉择而无法取舍的时候，应该选择自己尚未经验过的那一个，不结婚的处境你是清楚的，就是你现在这样。但结婚会是个怎样的情况你并不知道。你应该拿出实践的精神，去亲身研究才对！所以，你应该答应那个女人的要求。”

数学家觉得朋友说得有理，才不再彷徨，来到了那个向他求爱的女人的家中，但是那个女人早在5年前就死了。女人的母亲说：“你为什么不早点来呢？我的女儿一直在等你！每天每天她都盼着你来！结果你一直没有来。她绝望了，承受不住这种煎熬，已经伤心地死去！你为什么不早点来呢？”

“你为什么不早点来呢？”多么深刻的一句话呀！人生没有后悔药，如果你不积极行动，社会的大舞台上注定没有你的位置。所以，一定要把握当下，立即行动。

杨受成，香港超级富豪，被称为“钟表大王”。他的父亲在九龙窝打老道及弥敦道交界开了个天文台表行。

他长到十四五岁时，就利用下午半天时间去铺面为父亲做帮手。他对做生意兴趣浓厚，经常钻研赚钱之道。

根据自己帮工的经验，他摸索出一个规律，游客的消费力最强，与游客做买卖利润最大。

他大胆地设想，与其在店里守株待兔似的做买卖，不如主动走出去寻找顾客。于是，他开始去码头寻找要买表的澳洲游客并把他们带回表行。

首次主动出击就获得了成功，这给了他更大的勇气。

他又到机场设法和一些导游取得联系，许予优惠，又采取给介绍客人的司机、裁缝师傅以回扣的方法，这些办法个个奏效，更多的游客找上门来做买卖，营业额直线上升。

后来他干脆跑到日本和当地旅行社联系，让他们安排游客到表店购物，此举又获成功。

主动行动找顾客，这就是杨受成总结出的经营策略。这一决策包含着他的聪明才智与勤奋努力，也包含着他拼搏的精神。主动找顾客，使小小的杨家钟表店很快赚到了第一个100万。

品悟人生

也许行动不会带来快乐与成功，但是行而失败总比坐以待毙好。行动也许不会结出快乐的果实，但是没有行动，所有的果实都无法收获。

只会埋怨不行动，没有任何意义

世上确实有很多不公平的事，有很多值得埋怨的事。但是，世上是根本不可能会有什么十全十美的事。如果我们一味追求完美，抱怨社会，抱怨他人；如果我们一定要等到世上所有条件都具备了才开始行动，那么只好永远等下去了。有的人为什么一辈子都干不成一件事情，就是因为不懂得去行动。

比尔三十多岁了，他受过良好的教育，有一份安定的会计工作，一个人住在温哥华，他最大的心愿就是早点结婚。他渴望爱情、友谊、甜蜜的家庭、可爱的孩子以及种种相关的事。他有几次差点就要结婚了，有一次只差一天就结婚了。但是每一次临近婚期时，比尔都因不满他的女朋友而作罢。

有一件事可以证明这一点。两年前比尔终于找到了梦寐以求的一个好女孩。她端庄大方、聪明漂亮又体贴。但是，比尔还要证实这件事是否十全十美。有一个晚上当他们谈到婚姻大事时，准新娘突然说了几句坦白的话，比尔听了有点懊恼。

为了确定他是否已经找到理想的对象，比尔绞尽脑汁写了一份长达4页的婚约，要女友签字同意以后才结婚。这份文件又整齐、又漂亮，看起来冠冕堂皇，内容包括他所能想象到的每一个生活细节。如上哪一个教堂、上教堂的次数、每一次奉献金的多少；再比如共要生几个孩子、在什么时候生。

他把他们未来的朋友、他太太的职业、将来住哪里以及收入如何分配等等，都不厌其烦地事先计划好了。在文件结尾又详列女方必须戒除或必须养成的一些习惯，例如抽烟、喝酒、化妆、娱乐等等。准新娘看完这份最后通牒，勃然大怒。她不但把它退回，又附了一张便条，上面写道："普通的婚约上有'有福同享，有难同当'这一条，对任何人都适用，当然对我也适用。我们从此一刀两断！"

当比尔收到被退回的婚约时，还委屈地说："你看，我只是写一份同意书而已，又有什么错？婚姻毕竟是终身大事，你不能不慎重行事啊！"

比尔真是大错特错。他可能过度谨慎，但不论是婚姻，或是任何一件事情，你都不能过分吹毛求疵，否则只会自寻烦恼。

成功的人并不是在问题发生以前，先把它统统消除，而是一旦发生问题时，有勇气克服种种困难。我们对于一件事情的完美要求必须折衷，这样才不至于陷入行动以前永远等待的泥沼中。当然最好是有逢山开路、遇水架桥那种大无畏的精神。

当我们决定一件大事时，心里一定会很矛盾，会面对到底要不要做的困扰。下面的实例是一个年轻人的选择，他没有抱怨，而是立即去做，终于大有收获。

弗兰克先生是个普通的年轻人，有太太和小孩，收入并不多。

他们全家住在一间小公寓里，夫妇两人都渴望有一套自己的新房子。他们希望有较大的活动空间、比较干净的环境、小孩有地方玩，同时也增添一份产业。

买房子的确很难，必须有钱支付分期付款的头款才行。有一天，当他签发下个月的房租支票时，突然很不耐烦，因为房租跟新房子每月的分期付款差不多。

弗兰克跟太太说："下个礼拜我们去买一套新房子，你看怎样？"

"你怎么突然想到这个？"她问，"开玩笑！我们哪有能力！可能连头款都付不起。"

但是他已经下定决心："跟我们一样想买一套新房子的夫妇大约有

几十万，其中只有一半能如愿以偿，一定是什么事情才使他们打消这个念头。我们一定要想办法买一套房子。虽然我现在还不知道怎么凑钱，可是一定要想办法。”

下个礼拜他们真的找到一套两人都喜欢的房子，朴素大方又实用，头款是 1200 美元。他知道无法从银行借到这笔钱。

可是皇天不负有心人，他突然有了一个灵感，为什么不直接找包销商谈，向他借私款呢？他真的这么去做了。包销商起先很冷淡，由于弗兰克一再坚持，他终于同意了。他同意弗兰克把 1200 美元的借款按月偿还 100 美元，利息另外计算。

现在他要做的是，每个月凑出 100 美元。夫妇两个想尽办法，一个月可以省下 25 美元，还有 75 美元要另外设法筹措。

这时弗兰克又想到另一个点子。第二天早上他直接跟老板解释这件事，他的老板也很高兴他要买房子。

弗兰克说：“T 先生（就是老板），你看，为了买房子，我每个月要多赚 75 元才行。我知道，当你认为我值得加薪时一定会加，可是我现在很想多赚一点钱。公司的某些事情可能在周末做更好，你能不能答应我在周末加班呢？有没有这个可能呢？”

老板对于他的诚恳和雄心非常感动，真的找出许多事情让他在周末工作 10 小时，他们因此欢欢喜喜地搬进新房子了。

这个实例可以归纳为三点：

——弗兰克的决心燃起灵感的火花，因而想出各种办法来实现他的心愿，而不是妒忌那些住进新房的人。

——弗兰克的信心大增，下一次决定什么大事时会更容易、更顺手。

——他提高了家人的生活水准。如果一直拖延，直到所有的条件都能解决时，很可能永远买不起房了。

让我们再来认识另一位先生。席第先生代表另一种类型，他不满现状，但他一定要等到万事俱备以后才去做，结果……

第二次世界大战之后不久，席第先生进入美国邮政局的海关工作。他很喜欢他的工作，但5年之后，他对于工作上的种种限制、固定呆板的上下班时间、微薄的薪水以及靠年资升迁的死板人事制度（这使他升迁的机会很小），越来越不满。

他突然灵机一动。他已经学到许多贸易商所应具备的专业知识，这是他在海关工作耳濡目染的结果。为什么不早一点跳出来，自己做礼品玩具的生意呢？他认识许多贸易商，他们对这一行许多细节的了解不见得比他多。

然而，他光有想法，自从他想创业以来，已过了10年，直到今天他依然规规矩矩在海关上班。

为什么呢？因为席第每一次准备搏一搏时，总有一些意外事件使他停止。例如，资金不够、经济不景气、新婴儿的诞生、对海关工作的一时留恋、贸易条款的种种限制以及许许多多数不完的借口，这些都是他一直未去实施的理由。其实是他自己使自己成为一个“被动的人”。他想等所有的条件都十全十美后再动手。但由于实际情况与理想永远不能相符，所以只好一直拖下去了。他的理想也就成了空想。

品悟人生

不要再喋喋不休地抱怨和等待了，这对你的成功毫无帮助，不管你遇到了怎样的阻碍，你都应该少动嘴、多动手，只有行动才能帮你把梦想化为现实。

在行动中检验和完善自己

许多人做事都有一种习惯，非等算计到“万无一失”，才开始行动。其实，这是“惰性”在作祟，周密计划其实不过是一个不想行动的借口。首先，生活中、工作中的目标，并非都是“生死攸关”，即使贸然行动，也不会有什么大不了的事发生；其次，目标是对未来的设计，肯定有许多把握不准的因素，目标是否真的适合自己，其可行性如何，也只有行动才是最好的检验。

一位经理人来见史华兹博士。他负责一个大规模的零售部门。

他很苦恼地解释："我怕会失去工作。我有预感我离开这家公司的日子不远了。"

"为什么呢?"史华兹问。

"因为统计资料对我不利。我这个部门的销售业绩比去年降低了7%，这实在很糟糕，特别是全公司的总销售额增加了6%。而最近我也做了许多错误的决策，商品部经理好几次把我叫去，责备我跟不上公司的进展。

"我从未有过这样的光景。"他继续说，"我已经丧失了掌握局面的能力，我的助理也感觉出来了。其他的主管觉察到我正在走下坡，好像一个快淹死的人，他们站在一边等着看我的笑话呢!"

这位经理不停地陈述种种困局。最后史华兹博士打断他的话问道："你采取了什么措施?你有没有努力去改善呢?"

"我猜我是无能为力了，但是我仍希望会有转机。"

史华兹博士反问："只是希望就够了吗?"博士停了一下，没等他回答就接着问："为什么不采取行动来支持你的希望呢?""请继续说下去。"他说。"有两种行动似乎可行。第一，今天下午就想办法将那些销售数字提高。这是必须采取的措施。你的营业额下降一定有原因，把原因找出来。你可能需要来一次廉价大清仓，好买进一些新颖的货色，或者重新布置柜台的陈列，你的销售员可能也需要更多的热忱。我并不能准确指出提高营业额的方法，但是总会有方法的。最好能私下与你的商品部经理商谈。他也许正打算把你开除，但假如你告诉他你的构想，并征求他的意见，他一定会给你一些时间去进行。只要他们知道你能找出解决的办法，他们是不会辞掉你的，因为这样对他们来说很划不来。"

史华兹博士继续说："还要使你的助理打起精神，你自己也不能再像个快淹死的人，要让你四周的人都知道你还活得好好的。"

经理人听到这，眼神露出勇气。

然后他问道："你刚才说有两项行动，第二项是什么呢？"

"第二项行动是为了保险起见，去留意更好的工作机会。我并不认为在你采取肯定的改善行动，提升销售额后，工作还会不保。但是骑驴找马，比失业了再找工作容易10倍。"

没过多久这位一度遭受挫折的经理人打电话给史华兹博士，"我们上次谈过以后，我就努力去改变。最重要的步骤就是改变我的销售员。我以前都是一周开一次会，现在是每天早上开一次，我真的使他们又充满了干劲，大家都看出我要努力改变目前的局面，所以他们也都更努力了。成果当然也出现了。我们上周的营业额比去年高很多，而且比所有其他部门的平均业绩也好很多。喔，顺便提一下，"他继续说，"还有个好消息，我们谈过以后，我就得到两个工作机会。当然我很高兴，但我都回绝了，因为这时的一切又变得十分美好。"

你根本不必先变成一个"更好"的人或者彻底改变自己的生活态度，然后再追求自己向往的生活。只有行动才能使人"更好"。因此最聪明的做法就是一直向前，进而去实现自己所向往的目标，想做什么就去做，然后再考虑完善目标。只要行动起来，生活就会走上正轨而创造奇迹，哪怕你的生活态度暂时是"不利的"。

品悟人生

正如英国文学家、历史学家狄斯累利所言："行动不一定就带来快乐，但没有行动则肯定没有快乐。"

行动高于一切

如果想完成一件事情，我们都得立刻动手去做，空谈无济于事。每个人都会有自己的理想和目标。但是很多人都只是想一想，并没有付出行动，因而很多事情无法实现。一个人的一生中，行动决定一切，行动高于一切。一个敢用行动挑战不可能的人才是成功的人。

乔格尔家拥有着大量的土地，在乔格尔 16 岁的时候，他的父亲去世了，管理家产、经营家产的重担就落在了乔格尔的肩膀上。在 18 岁的时候，他改变了父亲惯有的保守态度，开始按照自己的想法对家园进行了大规模有力的改造。

那时的农业还处于极为落后的状况。广阔的田地还没有圈起来，农民也不知道如何灌溉和开垦土地。农民们虽然工作很辛苦，但是生活依旧十分贫困，他们连一头马都养不起。

在乔格尔的家乡，当时连一条像样的路也没有，更不用说有什么桥了。那些买卖牲口的商人要到南边去，只得和他们的牲口一起游过河。一条高耸入云的布满岩石的羊肠小道挂在海拔数百英尺高的山上，这就是通往这个村庄的主要通道。

农民要进出村子都非常困难，更不用说和外界进行贸易了。乔格尔意识到要想生活有所改变，就得先改变生活了多年的环境。他决心要为村子修建出一条方便快捷的道路。当老人们知道了这个年轻人的想法，都嘲笑他异想天开，不知道天高地厚。几乎没有人支持他，相信他能修出一条路来。

乔格尔没有因为别人的意见而放弃，他召集了大约 2000 名的劳工，在一个夏日的清晨，他和劳工们一起出发，他以自己的实际行动鼓舞着大家。经过了长达 2 年的艰苦劳动，以前一条仅仅只有 6 英里长的充满危险小道变成了连马车都能顺利通行的大路。

村子里的人看着眼前的大路，不得不为年轻人的毅力和能力所折服。乔格尔没有就此停止自己的行动，他后来修建了更多的道路，还建起了厂房，修起了桥梁，把荒地圈起来加以改良，耕种。他还引进了改良耕种的技术，实行轮作制，鼓励开办实业。大家都很奇怪这个年轻人永远有着别人想不到的主意。

过了几年，在乔格尔的带领下，这个曾经一度很贫穷的小村庄变成了这一带有名的模范村。原本吃饭都成问题的农民，成为了拥有一定产业的“有钱人”。乔格尔也成为大家敬佩的带头人，他不甘于安逸享乐的生活，致力于开创性的事业，后来成为了英国议会会员，在这个重要的岗位上发挥自己的作用。

事实上，我们不缺少成功的欲望，而成功最大的障碍来自于一个人的惰性。如果我们能积极行动，克服惰性，总能得到梦想的东西。

做一个敢于行动、善于行动的人，把眼光放在最终目标上，清楚在自己前进的道路上该做什么不该做什么，然后把自己一腔的热情和活力投入其中。

品悟人生

行动高于一切，希望什么就主动去争取，只有不断地行动，就不会失败。

与其等待机遇，不如创造机遇

“与其临渊羡鱼，不如退而结网。”每个人都渴望成功，因此，人们对机遇的渴求更甚。殊不知，机遇不会凭空而降，与其空等，不如自己创造机遇。

一个人一生会碰到很多困难的事情，或者是退让，或者是挺进，这两种不同的选择自然导致不同的结果。有些人有一股韧劲，对待自己认准的事，会大胆而果敢地做下去，直至成功。

亚历山大在某一次战斗胜利后，有人问他，是否等待机会来临，再去进攻另一个城市。亚历山大听了这话，竟大发雷霆，他说：“机会？机会是要靠我们自己创造出来的。”

创造机会，是亚历山大之所以伟大的原因。

有不少人认为，机会是打开成功大门的钥匙。一旦有了机会，便能稳操胜券，走向成功，但事实并非如此。人无论做什么事情，就是有了机会，也需要不懈的努力，这样才有成功的希望。坚持不一定成功，放弃则一定会失败！

上帝对待每个人其实都是很公平的，不会唯独对某个人不好或者对某个人好，可为什么总是有一些人埋怨上天不眷顾他呢？道理很简单，就是当机会来临的时候，很多人总是以为那不是自己的，犹豫了，退缩了，结果失之交臂，一辈子都是平平淡淡，没有什么惊心动魄。

有这样一个故事：

有位马车夫赶着装满货物的马车在泥泞的道路上艰难地前进。一会儿，马车的两个后轮忽然陷入烂泥中，不管车夫怎样鞭打马儿，马车依然纹丝不动。

车夫也陷入了悲观当中。他无助地看着四周，心想：真希望有个人来帮帮我。想着想着，车夫想起了神话传说中的大力士阿喀琉斯。他喃喃地说："阿喀琉斯，求求你，来帮帮我吧。"

这个车夫就这样呆坐在地上，什么事情也不做，只是不断地对上天说："阿喀琉斯，来帮帮我吧，来帮帮我吧！"

过了很久，一阵狂风吹来，阿喀琉斯居然真的出现在车夫面前，车夫惊喜地说："啊，你终于来了。"一边说着，一边等着阿喀琉斯来帮助他。

但是，大力士却气愤地警告车夫："站起来，你这个懒惰的家伙！你自己把车轮顶到肩膀上去吧。然后，你再努力往前走，那么我才愿意帮助你。可是如果你连一根指头都不肯动一动，只会坐在这里等，你就别指望我真的来帮助你。"

想想故事里的车夫，你是不是觉得他很可笑？可是我们也会在不知不觉中犯下和他同样的错误。在我们陷入困境的时候只会呼天抢地，期望着生命中的"贵人"会突然出现在我们面前，牵引我们向前走。可是，如果你自己都不愿意主动积极地面对生命中那些不可避免的困境，就算有人伸出手拉你一把，你也一样脱离不了危机的时刻。

机遇对每个人都是公平的。当机会来临的时候需要我们主动地伸出手去；当困境不期而至的时候需要我们积极地迎接它并挑战它，用自己的智慧和勇气去战胜它！困境是个欺软怕硬的东西，你强了它就弱了；你弱了它反而强了。所以，作为争气的人，任何时候都不要坐以待毙，去努力尝试，改变自己的命运吧！

品悟人生

机遇对每个人都是公平的。当机会来临的时候需要我们主动地伸出手去；当困境不期而至的时候需要我们积极地迎接它并挑战它，用自己的智慧和勇气去战胜它！

成功永远属于马上行动的人

比尔·盖茨说：“有了好的想法，就马上去做！只有立即付诸行动，才会取得成功。”

比尔·盖茨是这样说的，当然也是这样做的。自从比尔·盖茨进入湖滨中学那间小计算机房的那一天起，他就对计算机产生了一种无法抗拒的魅力。15 岁，他就为信息公司编写过异常复杂的工资程序。

1973 年春，他被哈佛大学录取，他更一发不可收，经常在计算机房通宵达旦地工作。像苹果砸出牛顿的智慧一样，个人电脑突入盖茨的脑海也有一个外在的启蒙者，这就是 1975 年 1 月份的《大众电子学》杂志，它封面上 Altair8080 型计算机的图片一下子点燃了比尔·盖茨的电脑梦。比尔·盖茨打电话给罗伯茨表示要给 Altair 研制语言。之后，盖茨和艾伦在哈佛阿肯计算机中心没日没夜地干了 8 周，为 8008 配上语言，开辟了软件业的新路。

1975 年 5 月，比尔·盖茨产生了退学的想法，他希望能和好友艾伦一起创办一个软件公司，但他的父母非常反对他的这一举措。比尔·盖茨当时认定了自己创业的想法，只有付诸行动，才能实现自己的梦想。他不顾父母的极力反对，毅然离开了西雅图到了亚帕克基。

虽然盖茨的父母想用一些方式阻止盖茨开公司，但盖茨还是坚持自己的想法，最终与保罗·艾伦创办了微软公司。

如果比尔·盖茨有了好的想法，并不立即去做，就不可能建立微软帝国，也不可能成为世界首富。正是他想到就马上去做，才成就了他事业的辉煌。

我们平时经常会听到这样一些话："我当时真应该那么做，但我却没有那样做。""如果我当年就开始做那笔生意，早就发财了！""我当年就有了那种想法，只是一直未做，不然的，肯定也成功了。"

一个人失败最严重的问题，就是他没有马上行动，事实上，不成功的主要原因也是行动力不强，凡事拖延，明天再做，后天再做，成功者必是立即行动者。对于他们来讲，时间就是生命，时间就是效率，时间就是金钱，拖延一分钟，就浪费一分钟。只有立即行动才能挤出比别人更多的时间，比别人提前抓住机遇。

马上行动有三个关键：

第一关键：行动和速度是致胜关键，就是凡事要马上行动，迅速的行动。

每一个成功的人士都是在最短的时间采取最有效率而且迅速行动。

第二关键：凡事要马上行动。

拿破仑说："想得好是聪明，计划得好更聪明，做得好是最聪明又最好。"

曾经有个人问一个非常成功的人士："请问你为什么会成功？"

他说："马上行动！"

他问："请问你成功的秘诀到底是什么？"

他说："马上行动！"

"当你遇到困难的时候，你如何处理？"

他说："马上行动！"

"当你遇到挫折的时候，你要如何克服？"

他说："马上行动！"

"在未来当你遇到瓶颈的时候，你要如何突破？"

他说："马上行动！"

"假如你要分享你成功的秘诀给全世界每一个人，那你要告诉他什么？"

他说："马上行动！"

第三关键：改变惯性激发行动力。

一个人之所以没有办法行动，是因为他拥有负面的东西太多，所以，你没有下定决心，最主要的原因有三个：

第一，思考的注意力集中在不想行动的地方。

第二，是你肢体动作的惯性。假如一个人高调地告诉你，"我会成功！我会成功！"大家一定可以感觉到他的肢体一定很兴奋。假如他低声地说，"我一定会成功，我一定会成功。"这样的音调会让你感觉到他的肢体动作不好。每个人即使他头脑想要成功，可是他的肢体动作没有办法配合的话，事实上他的行动力是不强的。

第三，受到语言惯性的影响。语言惯性的不热烈，容易导致一个人没有办法全然地激发行动力。

如果你是一个推销员，每天待在家里不出门，那推销业绩不可能自动向上升。如果你是一个编写程序的工程师，天天盯着电脑发呆，而不去做，那肯定也会一无所获。如果你是一个企业家，整天坐在办公室里订计划，拟方案，而不去实施，不去具体行动，那你的宏伟目标只能建筑在海市蜃楼上。

所以，成功永远属于那些马上行动的人。一个好的想法，要及时采取行动，尽管不一定能带来令人满意的结果，但不采取行动就绝无满意的结果可言。

品悟人生

只有行动才会产生结果。成功开始于想法，所以立即采取行动，才有成功的可能。

果断握住机遇的手

有些人成功靠埋头苦干；有些人成功靠一时的“幸运”；有些人成功靠千载难逢的机会。但有些人具备了这些却仍然与成功无缘，这是为什么呢？

“通往失败的路上，往往是错失了机会。”这是美国人的一句谚语。当机遇降临的时候，它的身上并没有贴着机遇的标签，相反，它还往往乔装打扮，扮成不幸、挫折和困难的模样。目光短浅的人无法辨认清楚，反应迟钝的人更是捉不住它。只有目光独特的人才有可能发现机遇，把握机遇。所以，你要想获得成功的机遇，首先应该练出一双善于发现机遇和辨别机遇的眼睛。

拿破仑问那些被派去探测死亡之路的工程技术人员：“从这条路走过去可能吗?”“也许吧。”回答是不敢肯定的，“它在可能的边缘上。”“那么，前进!”拿破仑不理会工程人员讲的困难，下了决心。

出发前，所有的士兵和装备都经过严格细心的检查。开口的鞋、有洞的袜子、破旧的衣服、坏了的武器，都马上修补和更换。一切准备就绪，然后部队才前进。统帅胜券在握的精神鼓舞着战士们。

战士们皮带上的闪烁光芒，出现在阿尔卑斯山高高的陡壁上，闪现在高山的云雾中。每当军队遇到意料不到困难的时候，雄壮的冲锋号就会响彻云霄。尽管在这危险的攀登中到处充满了障碍，但是他们一点不乱，也没有一个人掉队！四天之后，这支部队就突然出现在意大利平原上了。

善于为自己找托辞的人把失败归罪于没有机会，但无数成功的事例告诉我们：机会掌握在自己手中。当机会到来的时候，你要果断地抓住它，只要义无反顾地遵从自己的心，勇于创造机会，从容面对挑战，你就会像那些屹立在阿尔卑斯山上的士兵一样，傲然屹立于自己的人生顶峰。

有些人奇怪，许多人学识渊博，技术高超，脑子灵活，点子多，但就是成功不了，其原因则是他们缺乏胆量。明明看准了的机遇，却不敢下决心去干，明明想好的点子，却不敢付诸实践。总是犹犹豫豫，优柔寡断，前怕狼后怕虎，最终自然是想得多，干得少，这种人也是注定成功不了的。

无数成功者的实践证明了，有胆有识的人，才有旺盛的进取心和强烈的斗志，才能勇于创新，果断决策，从而走上成功之路。

品悟人生

敢想敢干，敢作敢为，这是成功必备的魄力！许多人也想成功，也能敏锐地发现成功的机会，但就是不敢行动，害怕失败，不能果断地抓住机遇，结果一个个成功的机会从他们身边溜走。

第六章

将计划执行到底，善始善终才会成功

生活中，很多人做事都是虎头蛇尾，他们虽有很好的开头，但因为怕苦怕累，往往不能按照计划去做事情，这是造就一个平庸者的根源。而对于那些持之以恒的人来说，事情的成功往往是因为坚持。因此，你要想成功，就一定要懂得坚持，即使再苦再累，也要将计划执行到底。

让成功从完美的计划开始

计划，就是指在做一件事之前对事情的全过程所进行的一种设定，一种“未雨绸缪”的设想。计划对于一个人的事业成功至关重要，因为一个人的精力总是十分有限的，一生中能做的事情只有那么几件，而任何事业的成功，不付出艰辛的努力，是绝对不会有任何结果的。在这种形势下，计划就显得极其重要了。

计划能够使一个人明确他在一生中要做什么，不做什么，使一个人明确他的主要精力应当花在什么地方。

下面来简单地谈一谈关于怎样制订计划的问题。

1. 目标明确是制订计划的前提。

我们每个人都有自己的目标，而计划则是实现目标的蓝图。“凡事预则立，不预则废。”说的就是计划的重要性。在实践中，为了更好地实现目标，多数人都采取了制定合理有效的计划的办法。目标有长远目标和短期目标之分。相应地，计划也分为长远计划和短期计划。因此，制订计划之前，首先要根据自己的实际情况，明确长远和近期的目标。长远的目标因为周期比较长，其中也难免会发生许多变化，所以，这类计划不宜太具体，只要明确努力的方向，大致要解决哪些问题就可以了。近期目标可以是一两个月的，也可以是一两周或近几天的。近期的计划应制定得周密详尽些，在确定了近期的目标以后，要把任务分配到每月、每周、每天甚至每个小时里去，好制定出一个相应的进度表。

值得注意的是，在制订计划的时候，要符合自己目前实际的状况，目标不宜定得太高，也不宜定得太低。定得太高，无法完成，会流于形式；定得太低，轻而易举，也容易产生松懈情绪。最好是“站起来摸不着，跳一跳就能够得到”。

2. 计划要突出重点。

计划周详全面固然好，但不能平均使用力量，因为我们的时间和精力都是有限的，要让这些时间和精力充分发挥效用，就必须突出重点。

3. 计划要留有余地。

有些人制订计划时，从早晨起床到晚上入睡，把一天的时间都安排得满满当当的。这并不是一个好的计划，因为工作固然重要，但它不是唯一的。人的生活应该是丰富多彩的，充满了乐趣的。休息、娱乐、锻炼身体，都不应该忽视。我们在制订计划时，不要忘了给休息留出时间。计划定得太满、太紧，不但身体吃不消，而且容易产生厌倦的心理，影响到整个计划的进一步实施。

4. 适时调整计划。

计划一旦制定好，最好是严格按计划执行，但这并不是说计划必须是一成不变的。相反地，当计划执行一段时间以后，就要回过头来检查一下，看看计划执行起来有没有困难，规定的任务是否能够完成，如果完不成，原因在哪里？效果如何？然后及时调整原定的计划，将其不合理的部分加以删除或加以改进，制定出更为科学的计划，从而更为有效地指导做事的进程。

有了科学而合理的计划，取得良好的效果就变得不再困难了。

个人的成功需要计划，企业的成功需要计划，任何成功都应该有一份完美的计划。

品悟人生

如果在做事之前连计划都没有，那么无异于像一只无头的苍蝇，东飞西撞，东一头榔头西一棒槌。

以专注的心将计划执行到底

在执行一项计划的过程中，最忌讳的心态就是见异思迁。

对于奋斗者来说，专注是最根本的特性，每一位众人眼中的天才都离不开专注。

提起“棋圣”聂卫平，大概是无人不知、无人不晓了。他精湛的棋艺、赫赫的战功和他的名字一起为世人所瞩目。想当年，在日本、在中国乃至世界上其他一些地方，到处都有聂卫平的崇拜者，人们就像少男少女崇拜歌星、影星一样迷恋着他，被他所折服、被他所倾倒。提起他的战绩，许多人都能如数家珍般地娓娓道来。

看了聂卫平的显赫成绩，我们不免要惊叹、要羡慕。可是. 您是否知道，被人们称为“棋圣”“聂旋风”“常胜将军”的聂卫平，从小却是个“常败将军”?

聂卫平的父亲和外公都是围棋迷，一有空闲，两人就摆开阵势，厮杀起来。幼年的聂卫平和弟弟聂继波耳濡目染，也爱上了光滑的黑白围棋子。在父亲的鼓励下，小哥俩也时常摆开场面，混战一通。

弟弟聪颖、敏捷，棋道灵活，而聂卫平却多思，稳重，思维节奏比弟弟要慢半拍。所以，弟弟的围棋水平要比哥哥高一筹。每天厮杀的结果，总是弟弟大获全胜。可是，哥哥聂卫平却偏偏不服输，他每天都缠着弟弟，非要杀上几个小时不可。机灵的弟弟洋洋得意，不时地设下圈套让哥哥钻，而傻乎乎的哥哥总是准确无误地落入陷阱。常常几十盘棋下来，聂卫平一局都赢不了，输得很惨。尽管如此，可他还是不服气，他总是希望能在下一次赢了弟弟。

他屡战屡败，屡败屡战。一次，聂卫平与弟弟从早晨开始下棋，直战到中午吃饭。十几个回合失败之后，妈妈劝，姐姐劝，他都不肯去吃饭，非要琢磨明白输在哪里不可。了解聂卫平的父亲走过来语重心长地劝他说："精力充沛、情绪高昂才下得好，你下了一上午棋，输了不要紧，吃过饭再赢回来嘛。弟弟吃了饭更有劲儿了，你的肚子却在唱空城计，怎么能赢得了他呢？快去吃饭，吃得饱饱的，才有可能赢。"听了这番话，聂卫平才乖乖地离开小方桌去吃饭。吃完饭以后，他又来到小桌前，与弟弟接着开战。鏖战了整整一下午，苦苦拼杀的结果，他仍然没能胜一次。弟弟兴高采烈地吃晚饭去了，他的倔犟劲儿又上来了，坐在小方桌前摆弄着棋子，仔细查找失败的原因。突然，他眼前一黑，晕倒在小桌旁。等他苏醒过来，发现自己躺在了床上，全家人正焦急地围着他。聂卫平挣扎着坐起来，执拗地说："我还没看出输在哪里呐！"

就凭着这种专注的精神，这种坚忍不拔的意志，聂卫平终于走出了失败的阴影，不仅战胜了弟弟，而且取得了奇迹般的好成绩。

在其自传《我的围棋之路》一书中，聂卫平写道："每输一盘棋，我总是想方设法赢回10盘来，不但现在这样，以前水平不高时也是这样。在被陈祖德、吴松笙让三子时，每次输棋，我都憋足了劲儿，要在下一次赢回来。"正是这种不甘失败的专注精神造就了一代棋圣。有人把聂卫平的成功归因于他的天赋，认为他那么小就能在棋坛上崭露头角，一定是个天才。如果没有天赋的围棋基因，怎么可能小小年纪成就大才呢？但聂卫平却不认为其有超世之才，他认为如果没有不甘失败的执拗，在刚起步时就被打了回去，成功是连想都不敢想的？

北宋文学家苏轼说得好："古之立大事者，不唯有超世之才，亦必有坚忍不拔之志。"成功的人士都懂得坚持、专注地做事。

王树彤曾在微软集团工作过6年，从普通职员一直做到事业发展部经理，之后到全球市值最高的思科公司任市场部经理，一年后加盟卓越网，并出任首席执行官，负责整个公司的管理、业务运作、市场及与合作伙伴的关系，等等。她有着长达十年的IT业工作经历，积累了丰富的管理经验，对中国的IT市场有独到的见解。

王树彤最喜欢的一句话是："梦想高远，脚踏实地。"回顾往昔，她坦言道："今天的成功源于专注。几年来，我一直拼命学习和总结，尽心尽力地做好手中的每一件事，每走一步都力求扎实，为后来铺好道路。”

王树彤说自己属于越挫越勇的人，看问题能用很积极的态度，从困难、逆境中看到光明、希望。这样的专注源于当年小学参加长跑集训时的一段经历。当时她是练中长跑的，十分的辛苦，望着长长的跑道常常会觉得自己永远也跑不到终点。但教练说：“你一定要跑到终点，不管有多困难，哪怕是爬呢。”正是这一句话，在幼小的王树彤心里扎下了根。在以后的工作里，她一周七天，每天工作到深夜十一二点钟。一路狂奔的结果是在同期进入微软集团的员工中，她是被提拔最早、最快的。

专注的个性，使王树彤从来不去抱怨环境或者上司，而是埋头苦干。她说不公平的现象随时存在，关键在于你看问题的方式。

曾经有个伟人说，一个人的一生只能做好一件事。可是，并不是任何人的一生都能做好一件事，这里边固然有诸如才智、环境、机遇等方面的因素，但主要还是缺少对所追求事物的投入。

专注是“语不惊人死不休”的豪情，是“为伊消得人憔悴”的投入，是“十年磨一剑”的等待。所以，荀子在《劝学》中说：“锲而舍之，朽木不折；锲而不舍，金石可镂。”古今成大事者，大抵都具有这份执著精神。

要想事业有成，要想成为一个不平凡的人，那就必须懂得专注，懂得为自己的目标锲而不舍地投入，用自己的时间和汗水换取成功的喜悦，请记住，专注是天才的座右铭，是成功的助手，是将你的人生计划执行到极致的不二法门。

品悟人生

成功的路上谁都会遇到很多计划之外的诱惑，如果你什么都想做，到最后没有一样会成功。唯有保持“一根筋”的专注精神，将原定的计划执行到底，成功才会在不远的地方向你招手致意。

胜利者往往就是比别人能坚持的人

胜利者，就是比别人能坚持的人。因为在希望渺茫之际，很可能就是柳暗花明之时。

法国作家凡尔纳年轻时写的第一本书，是名为《气球上的五星期》的科学幻想小说。

当他满怀憧憬地将自己的处女作送给一家出版社时，总编辑翻了书稿后，感到书中说的尽是不切实际的幻想，而且写作手法离经叛道，便拒绝出版。

在一连被十五家出版社拒之门外之后，凡尔纳开始灰心丧气。他坐在火炉旁撕手稿，一张一张地往火炉里扔。幸亏他的妻子发现，才阻止了他的焚书行动，并劝他再试一次。凡尔纳第二天又将书稿整理好送到第十六家出版社。出乎意料，这家出版社独具慧眼，不仅立即给予出版，而且与凡尔纳签订了为期20年的约稿合同，要凡尔纳把今后写的全部科幻小说交给他们出版。

《气球上的五星期》出版后，立即轰动文坛，凡尔纳一举成名。

成功往往就在于“再坚持一下”。试想，凡尔纳如果不跑到这第十六家出版社，还会有这部不朽的传世名作吗？还会有大作家凡尔纳吗？

美国华盛顿山的一块岩石上，立下了一个标牌，告诉后来的登山者，那里曾经是一个女登山者躺下死去的地方。她当时正在寻觅的庇护所“登山小屋”只距她一百步而已，如果她能多撑一百步，她就能活下去。

这个事例提醒人们，“倒下”之前再撑一会儿。胜利者，往往是能比别人多坚持一分钟的人。即使精力已耗尽，人们仍然有一点点能源残留着，用到那一点点能源的人就是最后的成功者。

有一个年轻人一直想去一家公司工作，但是人事主管告诉他暂时不需要新员工。于是年轻人每天都给那家公司写信，信里面只有一句话：请给我一份工作。就这样，坚持了250多天后，一直到那家公司的人事主管回信告诉他：明天到公司来报到。对于这件事情，人事主管是这样解释的："一个能坚持不懈写250封信的人，我相信他能做好任何工作。"

往往，再多一点努力和坚持便会收获意想不到的成功。以前做出的种种努力，付出的艰辛便不会白费。令人感到遗憾和悲哀的是，面对一而再、再而三的失败，多数人选择了放弃，没有再给自己一次机会。

查德威尔是第一个成功横渡英吉利海峡的女性，她没有满足，决定从卡塔林岛游到加利福尼亚。这段行程十分艰苦，刺骨的海水冻得查德威尔嘴唇发紫。她快坚持不住了，可目的地还不知道有多远，连海岸线都看不到。越想越累，渐渐地她感到自己的四肢有千斤那么沉重，自己一点劲都使不上了，于是对陪伴的船上工作人员说："我快不行了，拉我上船吧！""还有一海里就到了啊，再坚持一下吧。""我不信，怎么连海岸线都看不到啊！快拉我上去！"看她那么坚持，工作人员就把她拉上去了。快艇飞快地往前开去，不到一分钟，加利福尼亚海岸线就出现在眼前了，因为大雾，只能在半海里范围内看得见。查德威尔后悔莫及，居然离横渡成功只有一海里！为什么不听别人的话，再坚持一下呢？

拿破仑曾经说过：达到目标有两个途径——势力与毅力。势力只有少数人所有，而毅力则属于那些坚韧不拔的人，他的力量会随着时间的发展而强大以至无可抵抗。

品悟人生

无论何时，我们都应该信心百倍地去全力争取人生的幸福和成功，并永远激励自己：离成功我只有一海里，只要再多一分钟的坚持！

敢于面对“做不了的事情”

如果有一件棘手的事情摆在眼前你会怎么办呢？退缩吗？不，你应该有坚定的信心，相信没有什么是自己做不了的，然而再做好相应的准备工作，两者相加的最后结果就是成功。

在美国经济大萧条最严重时，在多伦多有位年轻的艺术家，他全家靠救济过日子，那段时间他急需要用钱。此人精于木炭画。但在那种艰苦的日子里，哪有人愿意买一个无名小卒的画呢？

他对此苦苦思索，最后他来到多伦多《环球邮政》报社资料室，从那里借了一份画册，其中有加拿大的一家银行总裁的正式肖像。他回到家，开始画起来。

他画完了像，然后放在相框里。画得不错，对此他很自信。但他怎样才能交给对方呢？

他在商界没有朋友，所以想得到引见是不可能的。但他也知道，如果想办法与他约会，他肯定会被拒绝。写信要求见他，但这种信可能通不过这位大人物的秘书那一关。这位年轻的艺术家知道，要想穿过总裁周围的层层阻挡，他必须投其对名利的爱好。

他决定采用独特的方法去试一试，即使失败也比主动放弃强，所以他开始行动了。

他梳好头发、穿上最好的衣服，来到了总裁的办公室并要求见见他，但秘书告诉他：事先如果没有约好，想见总裁不太可能。

“真糟糕，”年轻的艺术家说，同时把画的保护纸揭开，“我只是想拿这个给他瞧瞧。”秘书看了看画，把它接了过去。她犹豫了一会儿后说道：“请稍坐，我就回来。”

她马上就回来了。“他想见你。”她说。

当艺术家进去时，总裁正在欣赏那幅画。“你画得棒极了，”他说，“这张画你想要多少钱？”年轻人舒了一口气，告诉他要25美元，结果成交了。（那时的25美元至少相当于现在的500美元）

当你敢做某事并取得成功时，那很少是“走运”的结果，而更可能是富有想象的思考和周密的安排的产物。

1927年美国飞行家林白首次单独不着陆横越大西洋。林白当时25岁，冷静地用自己的生命去打赌，他赢得了看起来是不可能的一搏。

起飞前他度过了一个不眠之夜。他从纽约长岛驾驶着一架单引擎飞机起飞了，这架飞机里挤满了汽油桶，几乎没有他坐的地方，汽油的重量使得飞机负担太重，在从纽约飞往巴黎的途中，想空降那是不可能的。

一路上大雾遮住了他的视线，当时没有无线电让他同地面保持联系，他拥有的只是一只指南针。好几次他都睡着了，醒来时才发现飞机只有几米距离就触海了。通过计算，他在起飞33个小时后就横越了大西洋，在巴黎机场安全降落了。人们欢声雷动，这种热烈的场面实属空前盛况。

为了这次飞行，林白做了几年的准备工作，他从威斯康星大学退学出来学习飞行，加入了飞行训练队；他得到空军批准，可以在闲余时间进行飞行；他作为美国航空邮政飞行员在白天黑夜、晴天雨天都飞行，行程多达几万英里；他曾遇过险情，飞机被迫降在农田里；他学会修理飞机引擎并懂得每个零件的工作原理。

“幸运的林白，”新闻媒介这样称呼他，但林白的成功不是因为他走运，而是因为在冒险之前，他尽了最大努力。他相信自己能够发挥潜能，能成功。

品悟人生

如果你做了足够充足的准备，就会知道世界上并没有什么不可能的事；没有准备就去行动那是莽夫，有了准备再大胆行动就是勇者。

坚守信念就能成功

人生从来没有真正的绝境。无论遭受多少艰辛，无论经历多少苦难，只要一个人的心中还怀着一粒信念的种子，那么总有一天，他就能走出困境，让生命重新开花结果。

很久以前，为了开辟新的街道，伦敦拆除了许多陈旧的楼房。然而新路却久久没有开工，旧楼房的地基在那里，任凭日晒雨淋。

有一天，一群自然科学家来到了这里，他们惊奇地发现，在这一片多年来未见天日的地基上，这些日子里因为接触了春天的阳光雨露，竟长出了一片野花野草。奇怪的是，其中有一些花草却是在英国从来没有见到过的，它们通常只生长在地中海沿岸国家。

这些被拆除的楼房，大多都是在罗马人沿着泰晤士河进攻英国时建造的，大概花草的种籽就是那个时候被带到了这里。它们被压在沉重的石头砖瓦之下，一年又一年，几乎已经完全丧失了生存的机会。但令人感到意外的是，一旦它们见到了阳光，就立即恢复了勃勃生机，绽开了一朵朵美丽的鲜花。

小小的种子真令人惊叹，它们是如此的柔弱却又如此的坚韧，即使在沉重的砖瓦下压上数百年，它们依然能够保持自己鲜活的生命。一旦阳光照耀，一旦雨露滋润，它们便又焕发出勃勃的生机。一粒种子，即使被埋没数百年，依然蕴藏着生的希望。信念代表着一种希望，只要心中有信念，一切都会充满希望。

在春秋战国时期，一位父亲和他的儿子出征打仗。当父亲的已做了将军，儿子还只是一个马前卒。一次战争中，又一阵号角吹响，战鼓雷鸣了，父亲庄严地托起一个箭囊，其中插着一支箭。父亲郑重地对儿子说："这是咱家传袭下来的宝箭，佩带身边，力量无穷，但千万不可抽出来。"

那是一个极其精美的箭囊，厚牛皮打制，镶着幽幽泛光的铜边儿，再看露出的箭尾。一眼便能认定是用上等的孔雀羽毛制作。儿子喜上眉梢，猜测箭杆、箭头的模样，耳旁仿佛嗖嗖的箭声掠过，敌方的主帅应声折马而毙。

果然，佩带宝箭的儿子英勇非凡，所向披靡。当鸣金收兵的号角吹响时，儿子再也禁不住得胜的豪气，完全背弃了父亲的叮嘱，强烈的欲望驱赶着他呼的一声就抽出宝箭，试图看个究竟。骤然间他惊呆了。

一支断箭！箭囊里装着只是一支折断的箭！

"我一直带着一支断箭打仗呢！"儿子吓出了一身冷汗，仿佛顷刻间失去支柱的房子，轰然意志坍塌了。

在后来的作战中，结果不言自明，儿子惨死于乱军之中。

拂开蒙蒙的硝烟，父亲拣起那支断箭，沉重地啐一口道："不相信自己的意志，永远也做不成将军。"

儿子的悲哀在于把胜败寄托在一支宝箭上，如果一个人把生命的核心与把柄交给别人，又是多么危险！比如把希望寄托在儿女身上；把幸福寄托在丈夫身上；把生活保障寄托在单位身上……只有自己才是一支箭，若要它坚韧，若要它锋利，若要它百步穿杨、百发百中，磨砺它，拯救它的都只能是自己坚持不懈的信念。

有一年，一支英国探险队进入撒哈拉沙漠的某个地区，在茫茫的沙海里跋涉。阳光下，漫天飞舞的风沙像炒红的铁砂一般，扑打着探险队员的面孔。口渴似炙，心急如焚——大家的水都没了。这时，探险队长拿出一只水壶，说："这里还有一壶水，但穿越沙漠前，谁也不能喝。"

一壶水，成了穿越沙漠的信念之源，成了求生的寄托目标。水壶在队员手中传递，那沉甸甸的感觉使队员们濒临绝望的脸上，又露出坚定的神色。终于，探险队顽强地走出了沙漠，挣脱了死神之手。大家喜极而泣，用颤抖的手拧开那壶支撑他们的精神之水——缓缓流出来的，却是满满的一壶沙子！

炎炎烈日下，茫茫沙漠里，真正救了他们的，又哪里是那一壶沙子呢？他们执著的信念，已经如同一粒种子，在他们心底生根发芽，最终领着他们走出了“绝境”。

生活中时常会碰到这样或那样的困难，我们一定要坚守住自己的信念，不要被困难吓倒。俗话说：守得云开见月明。在乌云密布的夜晚，只要我们有着对明月的渴望和抱着明月总会出来的信念，静静地等待，往往最终都会等到明月普照大地的美丽瞬间。

品悟人生

守住自己的信念吧，哪怕它只是秋天最后一片落叶，哪怕它只是水中一截腐朽的枯枝，只要你不曾对生活失去信心，生活就不会亏待你，因为守住了信念就留住了希望。

耐心做好量变工作

没有人不怀抱理想，希望自己做得更好、获得更多，但是，如果没有做好所有的准备工作，就很难一步登天。那些商界黑马一定是在最隐秘的地方做好了量变的准备之后，才以迅雷不及掩耳之势超过他人，一跃成为财富巨子的。

因此，一个人只有学会等待，并努力为成功的到来做好准备，才会获得成功。假如你忽视成功前的积累过程，终其一生也只会碌碌无为。所以说，有了追求还应该有计划，你必须明白你什么时候该做什么，如何做，只有在正确方向的指引下，再加上自己的努力，才可获得成就。

通往成功的道路总是布满荆棘的，对此应该做好充分的思想准备。如果你没有一定的毅力和耐心，浅尝辄止，最后也只能失望而回。在追逐成功的过程中，必须真实地规划未来。

比尔·拉福的父亲是洛克菲勒集团的一名高级主管，在商界打拼多年，对经商了如指掌。也许是受父亲的影响，比尔·拉福在中学毕业时就决定经商，他渴望成为一个优秀的商人。知子莫若父，父亲发现儿子有商业天赋，机敏果断，勇于创新，这些品质正是作为一个成功商人所必需的。但他同时也感觉儿子没有经过太多的磨砺，缺少知识，更缺乏经验。于是他和儿子进行了一次长谈，与他一起分析自身的优劣势，并一起描绘人生的蓝图。

拉福听从了父亲的忠告，大学没有去读贸易专业，而是选择了最基础、最普通的专业——机械制造。可以说这是他们父子走的绝妙的一步棋。因为在商业贸易中，工业商品占据绝大多数。如果一个人没有这方面的基础知识，不了解产品的性质和生产制造情况就很难在贸易中取得成功。而且，工科的学习不仅可以培养知识技能，还有助于建立一套严谨求实的思维体系，训练人分析、推理方面的能力，使人对工作具有脚踏实地的态度。这些素质对经商有很大的帮助。

就这样，彼尔·拉福在麻省理工度过了四年的本科学习阶段。当然，他没有局限在本专业，而是广泛地接触了商业贸易的许多课程。

大学毕业后，他没有立即投身商业贸易，而是按照原来的计划，开始攻读经济学硕士学位。在芝加哥大学为期三年的经济课程学习期间，他掌握了经济学的基础知识。深入了解了经济规律，并认真学习了经济法律，侧重于学习微观经济活动及管理知识，尤其对财务管理更为精通。

几年下来，他已具备了经商的所有素质。令人感到意外的是拉福拿到了硕士学位后依然没有投身商海，而是去做了一名国家公务员，进了政府部门。这也是缘于父亲的指点。

父亲深知，作为一个商人就必须有很强的社会交际能力，必须充分了解人的心理，熟悉处世规则，善于与人交往，并给人留下良好的印象，使人信任自己，愿意与自己合作。这些能力在学校是永远学不到的。只有在社会上，在工作中才能锻炼出来，而锻炼的最好去处就是政府部门。在复杂的政府部门里，任何人都必须小心谨慎。

拉福在政府部门里一干就是五年。他结识了各界人士，建立了自己的关系网。当他投入到商海中，他去了父亲引荐的通用公司熟悉业务。

此后又过了两年，熟悉掌握了商业运作技巧的他成绩斐然。这时他不再有任何犹豫，婉言谢绝了通用公司的高薪挽留，创建了自己的拉福商贸公司，开始了梦寐以求的商业生活。

由于他准备充分，事业可以说是一步登天。二十年后，拉福公司资产从最初的二十万美元发展到了两亿美元，而他本人也跻身于受人尊敬的成功商人之列。

对待财富一定要有耐心，而不是急于求成。目标定得很高，却不能耐心的做好基础工作，这样的人很难取得大成就。

品悟人生

成功，需要的就是一步步的积累。质变是以量变为基础的，没有量变永远都不会有质变。所以，学会耐心地等待，时时为自己积累力量，你才能摘取成功的果实。

半途而废，学无所成

半途而废常用来比喻事情中途停止。《礼记·中庸》：“君子遵道而行，半途而废，吾弗能已矣。”《论语·雍也》：“力不足者，中道而废。”

古官道上，一天走来一个匆匆的行者，只见他年约二十上下，书生打扮，脸上露着兴奋的表情。他叫乐羊子。本来告别妻子在外地求学的，但学问的艰深，求学的清苦，使他感到十分乏味，想着家里美丽的妻子、舒适的房舍，他在书塾待了一年后终于决定抛下书本返乡。想到回家后妻子惊喜的表情，那温暖体贴的招呼，他便觉格外的兴奋，脚步不由更快了。渐渐，熟悉的房舍出现在眼前，炊烟正袅袅地升起，像在欢迎归家的游子，他赶紧几步跑到门，叩响了门环。

“谁?”屋里的织布声停了，传来妻子熟悉的声音。

“我呀!”乐羊子高兴地大叫起来。

屋子里出现短暂的沉默，“吱呀”门开了，露出妻子惊喜而略带诧异的脸，当她看到乐羊子那沉甸甸的行装，脸上的笑容消失了，她似乎猜到什么。

乐羊子可没管这些，他一步跨进门里，放下包袱，环视了一眼干净、舒适的屋子，便高兴地嚷嚷起来：“终于回来了，终于回来了。”现在，他一心只等着妻子送上几句欢迎归家的贺辞，端上美味可口的饭菜。

但妻子的表情似乎有些冷淡，她默默地看着他，终于开口道：“不是要三年才能回来吗?”

“我想家，所以便回来了。”

“住几天?”

“再也不走了，”乐羊子手一挥，感觉很痛快，想到那清冷的书塾，老师那严厉的面孔从此便远离自己，真让人松了一口气，以后，便可以在家里陪着妻子，过着悠闲自在的日子了。

妻子没说什么，只是拿出一把剪刀，乐羊子诧异地盯着她，只见她走到织布机边，“喀嚓”一声，便将织布机上停着的一匹布剪断了。乐羊子大叫起来，真是太可惜了！这是一块图案精美的花布，还差一点就要彻底完工了，可妻子这么横刀一剪……

“这本是一块快要完工的布，但我剪断了它，它便成了一块废布。”妻子说，“求学的道理也是一样，若能坚持到底，付出艰苦的努力，就能成为一个有用的人，但若不能坚持，中途停止放弃攻读，就会前功尽弃，如同这块废布一样，成为一个毫无用处的人。”

“这?”乐羊子嗫嚅着。

“再过几年，你的同学学业有成，便可报效国家、建功立业了，而你却仍是碌碌一白丁，终日干些琐碎的事，一辈子又能有什么出息呢？”

乐羊子低头不语，他感到非常羞愧，自己的见识还不如一女子。若不是妻子谆谆教诲，自己岂不是会虚掷光阴，成为一个无用之人。想到此，他便打起行装，决心回到书塾去完成学业。

乐羊子离乡背井，深受求学之清苦，终因耐不住寂寞，思念家中温暖体贴的妻子，弃学返乡与娇妻团聚。结论有两种，其一：乐羊子回家后与美丽贤惠的妻子男耕女织，恩恩爱爱的生活一生。其二：如故事所讲的那样，乐羊子在妻子的帮助下，竟又打起行装远走他乡。乐羊子这一走走出个一代大学问家，但夫唱妻和的天伦之乐必定淡泊了许多。如果是你，你会作出哪一种选择呢？

品悟人生

古人说：“做事最应有恒心，半途而废无所成。”一个人只有不为种种诱惑所动，潜下心来学习，他才会丰满自己，成就不俗人生。

不要对自己放松要求

我们永远都不能做到完美无缺，因为这个世界就是不完美的。但是我们不能因为不完美成为对自己放松要求的理由。我们可以在不断增强自己的力量、不断提升自己的时候，对自己要求的标准越来越高，对自己要求越来越严格。有无数人进入职场后，不严格要求自己，因而养成了轻视工作、马马虎虎的习惯，以及对手头工作敷衍了事的态度，终致自己的一生都处于社会底层，不能出人头地。这是对自己不严格要求、不敬业的结果。

唐骏是一个对自己要求严格的人，这种严格要求自己的风格得益于他在日本留学时的经历。

1985年，唐骏留学日本，在名古屋大学就读于电气电子专业。在这个专业领域里，唐骏在国内时最初选择的研究方向本来是电器音响。唐骏当时的梦想，是要成为中国电器音响领域的第一人，回国后中国所有一流音乐厅的音效都将由自己来打造。但进名古屋大学报到时，唐骏才发现原来选中的导师退休了，他不得不换了一个导师。这个新导师名叫板仓文忠，也是研究声音领域的，主攻方向是语音信号处理。他原是名古屋大学的博士，后来做了日本电信电话株式会社的研究员，在语音识别研究领域取得了世界性的成就，学校把他招回来做了教授。他也是美国电气和电子工程师协会的院士，在这个领域，他20年稳坐第一把交椅。

唐骏已经通过了国内的硕士入学考试，本以为作为来日本的交换留学生，根本不用参加日本的入学考试。但板仓文忠告诉唐骏，要念他的研究生，必须要通过入学考试才行。这对唐骏来说是一个极大的考验。唐骏之前从未涉及过语音研究领域，而且考试是全日文，无论是专业还是语言都大成问题。再加上考试时间是当年12月5日，这意味着只有约一个半月的复习时间。

那段时间，还得同时参加导师研究室里所有的研究会议。唐骏的压力非常大，每天都像上满了发条一般忙个不停。板仓文忠对唐骏也很担心。唐骏对板仓文忠说，自己有可能考不过，因为实在看不完那些专业书。唐骏甚至考虑，万一考不过就通过教育部换一所学校，但是板仓文忠不同意，认为这样有损他的面子。奇迹般地，一个半月后唐骏竟然通过了考试。板仓文忠向唐骏祝贺，唐骏能考到这个成绩他非常满意。这也是他第一次夸奖唐骏。

板仓文忠是名古屋大学里最严厉的教授，也是唐骏见过的日本人中脾气最大的一个。他对学生的要求异常严格，态度近乎傲慢，仿佛他面对的人不是研究生，而是一群幼儿园的小朋友。他要求每个人都要自己选研究课题，每周五要在研究室会议上用半小时的时间向所有人汇报过去一周的研究成果。这成了学生最大的压力。唐骏在选课题、作研究上毫无经验，经常被板仓文忠痛斥，“这种课题10年前就有人做了”，“这么烂的题目你还好意思拿出来”，诸如此类，几乎是选一个被骂一个。

唐骏第一个通过的选题是语音识别和人机对话方面的，这也成为唐骏此后科研生涯中最重要的一个选题。这个选题是唐骏在看相关领域的英语论文时找到的，别人已经作出了解决方案，但是相对粗糙。唐骏觉得题目不错，就在他的基础之上提出了自己的方案，并在实验室里用计算机把它做了出来，得到的结果也非常令人满意。

周五汇报时，这个研究课题当场就被板仓文忠认同，他说唐骏找到了一个窍门。其实，唐骏自己心里也清楚，这是一个难度不大的课题，只是还没有人找到更好的解决方案。唐骏因为一个思路上的突破，才得出更好的结果。从此以后，唐骏一直沿着这条路走下去。

在板仓文忠的研究领域，日本学术界有两大学会：日本音响学会和日本电子情报通信学会。这两个学会每年都有公开的学术论文发表会议，前者每年两次，后者每年一次。按照板仓文忠的要求，他的研究生在这三次学会会议上都要发表自己的论文。唐骏写好第一篇学会论文之后，交给板仓文忠审看。等唐骏再拿到自己的论文，惊得目瞪口呆。只见上面满是红色的字迹，语言、思路、技术、表述等各种问题，改得五花八门。唐骏改过一遍又交上去，原以为可以通过了，谁知又被打了回来。板仓文忠是个追求超级完美的人，有时因为一个标点符号不规范、附图标注中的字母大小不对、数学公式的比例不合适，甚至注解文字的字体大小不妥，他也会让唐骏拿回去再改一遍。唐骏改了一遍又一遍，一共改了 23 遍，第一篇学会论文才过关。一篇论文如此反复，让唐骏非常苦恼。他特别不理解的是，每个人的审美观点不一样，导师认为小字体好看，自己倒觉得大字体漂亮，为什么非得要求自己和他一致？后来唐骏才渐渐明白，导师的经验足以支持他作出最精准的判断，他知道在一篇论文里怎样安排是最合适的。在导师的训练下，唐骏终于逐渐学会了如何把握写论文的感觉。每年要写 3 篇学会论文，每次都是这么修改。一年以后，唐骏修改 10 次通过。5 年以后，终于变成一次通过。

论文写好后，接下来是准备学会上宣读论文时的演讲。每次演讲之前，每个学生在板仓文忠面前至少要预演三次。如今在会议和演讲时普遍使用的幻灯片演示软件 PPT，当时还没有问世，那时他们制作幻灯片用的是 OHP。板仓文忠规定学生用 10 页幻灯片概括整篇论文。如何在10页内容中说清楚一篇论文的内容，重点是哪里，图表怎么画，文字要写多少，板仓文忠都教给唐骏最规范的方式。预演时，板仓文忠要求一定要准时在15分钟内结束，控制时间的程度要精确到秒。第一年，唐骏在学会上演讲时还基本是拿着纸在念，随后逐步可以脱稿演讲，而且能非常好地控制时间和节奏。日后唐骏的演讲技巧，很大程度上正是得益于板仓文忠的指导。

唐骏现在回忆说："在我的人生里，如果说有个人实实在在教了我很多东西的话，这个人无疑是板仓文忠。在日本留学的5年，我一直在他手下作研究，他给我的印象，甚至可以说就是日本给我的印象。"唐骏说自己原来不是一个特别勤奋的人，到日本留学后，在板仓文忠的高压之下，拼命熬夜学习或者工作。为了能一周出一个课题成果，唐骏学会了讲究速度和效率。因为，无论是唐骏工作时讲究速度的方式，还是对待事情勤勉认真的态度，都是从板仓文忠那里学到的。板仓文忠对唐骏在论文演讲方面的指导，也使唐骏学会如何抓住重点，将纷繁复杂迅速归纳为简单明了。

可以说，在板仓文忠身上，唐骏学会了很多东西，无疑这些都成为唐骏今后人生中最宝贵的财富。实现成功就一定要先提升自己的能力，而提升自己的能力，就一定要做最好的自己，坚持严格要求自己。

品悟人生

一个人只有在经历自我约束的阵痛之后，他的能力水平才能够真正得到提升。所以，坚持做最好的自己，你才能成就自己。

不要放弃，坚持就会有机会

这个世界上安于现状的人实在是太多了，他们总是想："就这样活着吧，机遇不好，老天对我也不公平。"于是你越这么想，你就越觉得心安理得，你也就越放松自己，得过且过地过日子。

社会很容易抹杀人的特质，一旦进入社会，很多人都觉得自己的棱角彻底被磨平了，以前所拥有的那些期望和志向，不知不觉中就彻底放在心灵的深处冰藏了起来。

李扬是中国著名的配音演员，被戏称为“天生爱叫的唐老鸭”。李扬在初中毕业后参了军，在部队当一名工程兵，他的工作内容是挖土、打坑道、运灰浆、建房屋。可是李扬明白，自己身上潜在的宝藏还没有开发出来：那就是自己一直热爱的影视艺术和文学艺术。

在一般人看来，这两种工作简直是风马牛不相及。但李扬却坚信自己在这方面有潜力，应该努力把它们发掘出来。于是他抓紧时间工作，认真读书看报，博览众多的名著剧本，并且尝试着自己搞些创作。退伍后李扬成了一名普通工人，但是他仍然坚持不渝地追求自己的目标。没有多久，大学恢复招生考试，李扬考上了北京工业大学机械系，变成了一名大学生。从此他用来发掘自己身上宝藏的机会和工具都一下子多了起来。经几个朋友的介绍，李扬在短短的五年中参加了数部外国影片的译制录音工作。这个业余爱好者凭借着生动的、富有想象力的声音风格，参加了《西游记》中的美猴王的配音工作。1986 年初，他迎来了自己事业中的辉煌时刻，风靡世界的动画片《米老鼠和唐老鸭》招聘汉语配音演员，风格独特的李扬一下子被迪斯尼公司相中，为可爱滑稽的唐老鸭配音，从此一举成名。李扬说，自己之所以成功，是因为一直没有停止过挖掘自己的长处。

明日复明日，明日何其多，许多人感慨人生，却也不知如何去把握人生。

尺有所短，寸有所长，每个人都会有自己的长处——属于自己的宝藏，开启宝藏之门的钥匙就在自己的手中，轻言放弃，这些宝藏就永无见天之日。

品悟人生

也许你现在并不如意，但永远不能放弃的是成功的决心和斗志，更为关键的是你能不能正确地意识到什么是自己最擅长的，尽管因为现实的某些原因不得不在现在的位子上等待，但总要找到自己的宝藏，并努力去开采它。

没有失败，唯有放弃

如果你不放弃自己，就不会有谁放弃你，所有的成功者没有谁是一个放弃理想和追求的人，在成功的路上，放弃永远是一种最可怕的行为，甚至比失败更可怕。因为失败之后还可以再来，而放弃了则是从心底让自己和成功告别了。失败是成功的前奏和序曲，而放弃则是成功的结束和尾声。面对人生的许多挑战、许多坎坷和陷阱，谁能保证不输？跌倒并不可怕，可怕的是没有站起来的勇气。

印尼华人林绍良，他从卖杂货的小贩到成为“世界十大富豪之一”，他的成功就是和艰苦奋斗、从不放弃的精神分不开的。林绍良曾对人说：一个人的创业，一半靠机遇，一半则靠个人奋斗——这正是他事业成功的写照。

1916 年林绍良出生在中国福建省福清县一个殷实的农民家庭。他在私塾一直念到了 15 岁。然后开始学着做点小生意，租了一间房子，开了一个小面店。“九·一八”事变后，日本侵占了东三省，人心惶惶，林绍良的面店也只好关门了。这时候，叔叔和哥哥去了印尼，林绍良就成了家里的顶梁柱。1935 年，父亲因病去世了，母亲担心儿子被抓走，便主张他出走南洋。

1938 年春天，林绍良来到印度尼西亚中爪哇的古突士镇，投靠叔父。当时叔父林财金在镇上开了个花生油店，林绍良就在店里当学徒。他每天起早贪黑地干活，空余时间就学习印度尼西亚语及爪哇方言。

爪哇岛上并不比家乡好多少，日本侵略者的铁蹄也已经迈向了这里，烽火连天，经济凋零，生意要赚钱，谈何容易。后来，林绍良发现只是在店中坐等顾客上门是不行的，于是他就向叔父提出要到外面去推销，叔父同意了。于是，林绍良走街串巷，上门推销花生油。因为战争，顾客很少出门，林绍良的送货上门受到了热烈欢迎，销售额开始成倍地增长。叔父高兴地给他加了薪，并鼓励他继续干下去。

两年后，有了些积蓄的他开始有了新的想法，他想寻求更大的发展。因为没有太多的本钱，林绍良做起了贩卖咖啡粉的小本生意。这段生活是非常艰苦的，为了生计和理想，林绍良每天半夜就起床，先将买来的咖啡豆磨成粉，再用旧报纸包成小包，天还未亮，就骑上自行车，不管刮风下雨，赶到六七十里外的市场去贩卖。只有当夜深人静入睡时，他才会忘记疲劳。这种生活虽然盈利不多，但却培养他的胆识，积累了社会经验，接触了很多人。后来，林绍良每当回忆起这段“骑自行车贩卖”的艰苦生活时，还不无感慨地说：“人需要经得起磨炼，才会有所进步。”

经过几十年的苦心经营，到 1988 年，年逾古稀的林绍良已经构建起了自己的“林氏王国”，其企业在东南亚举足轻重，对其经济发展起着至关重要的作用。林绍良也因其雄厚的财力和庞大的势力，称雄印尼，富甲东南亚，被誉为“亚洲的洛克菲勒”。

林绍良的成功告诉我们，百折不挠、永不放弃的工作精神是获得成功的基础。在成功的世界里，成功永远属于强者，属于精神上的强者——那些不会被困难打垮的强者，在这里，弱者永远不可能取得成功。如果把工作比作一场战争的话，人就是在战场上冲锋陷阵的人，工作中的各种挑战就是你的敌人，当你面对敌人，不能有任何谦让，否则，你的敌人就可以让你丧命。要成为这场战争的胜利者，就要具备百折不挠、永不放弃的战斗精神。

丘吉尔有一次去参加牛津大学的一个讲座，那一天到来之时，全世界各大新闻媒体都前往参加，会场上人山人海，水泄不通。人们都去恭听这位政治家、外交家的成功秘诀。丘吉尔上台之后用手势止住大家震耳欲聋的掌声后，说："我的成功秘诀有三个：第一是，绝不放弃；第二是，绝不、绝不放弃；第三是，绝不、绝不、绝不能放弃！我的演讲结束了。"说完就走下了讲台。

台下安静极了，一分钟后，礼堂里爆发出热烈的掌声。

有时候，有的成功并不是总那么耀眼辉煌的，有很多我们还不知道、不能想象的难度和挑战。取得成功不是靠多么壮观的方式，而是靠不断的努力和不停的坚持。"路漫漫其修远兮，吾将上下而求索。"

品悟人生

成功是在一次次失败中慢慢获取的，只有肯于继续求索而不放弃的人才会找到它。

抹去汗水，再坚持一下就好

爱迪生曾经说过这样一句话："百分之百的成功等于百分之八十的汗水加上百分之二十的聪明。"在成功者看来，仅有聪明的头脑是不够的，还要靠勤奋的汗水。所以当成功者在经历磨炼的时候，总是鼓励自己再坚持一下。

英国首相丘吉尔在他生命中最后一次演讲的时候所说：坚持到底，永不放弃。他的人生经验告诉我们，成功没有什么秘诀，如果真有的话，那就是两个：第一个就是坚持到底，永不放弃；第二个秘诀就是在你想要放弃的时候，回过头来看看第一个秘诀：坚持到底，永不放弃。

美国的新闻出版产业巨子约翰·R·约翰逊。1942年，在芝加哥创办杂志《黑人文摘》之初，为了扩大影响，增加发行量，他决定组织一系列以“假如我是黑人”为题的文章，把一名白人放在黑人的地位，设身处地地严肃看待这一问题。他想请罗斯福总统的夫人埃莉诺来写这篇文章，于是他给她写了一封信。

罗斯福夫人回信说，她太忙，没时间写文章。一个月之后，约翰逊又给她写了一封信，她仍说她很忙。又过了一个月，约翰逊给她写第三封信，罗斯福夫人回信说连一分钟空闲也抽不出来。

由于罗斯福夫人每次都说她没有时间，约翰逊没有打退堂鼓，依然不断地发信，他想：“她并不是说不愿意写，如果我继续请求她，只要有耐心，也许，有一天她会有时间的。”

终于，约翰逊在报上看到，她要在芝加哥发表演讲的消息，决定再试一次，便给她发了一个电报，询问她是否愿意趁她在芝加哥的时候为《黑人文摘》写那篇文章。罗斯福夫人终于被约翰逊的坚韧精神所感动，于是便答应了他的请求，把她的感想写了出来。文章一出，消息不胫而走，很快传遍全国各地，大家争相购买阅读，杂志发行量一个月内由5万份猛增到15万份，这也成了约翰逊事业成功的巨大转折，而这个转折就是用他的汗水和坚持换来的。

成功必然经历汗水，三天打鱼、两天晒网是不可能成功的，原因很简单，你不懂得坚持。没有坚持就没有收获，没有收获就没有成功。

前英国首相温斯顿·丘吉尔的演讲非常著名，以至于有人称他是上世纪最伟大的演讲大师。他也因反应敏捷和妙语连珠的解释和见解而闻名于世。然而他本不是天才的演讲家。事实上，在丘吉尔的早年生活中，他说话结结巴巴。人们常取笑他的说活方式。你知道丘吉尔是怎样变成上个世纪最伟大的演讲大师的吗?

他逐字逐句在纸上写下演讲稿，然后练习。他甚至练习停顿，即使可以口若悬河，也故作停顿，做出在字斟句酌的样子。每一次演讲他都要在镜前花费许多小时练习。他反复推敲每个字的正确表达方式，一直练到可以在恰到好处的面部表情下表达思想内涵才停止。

尽管温斯顿·丘吉尔不是天生的优秀演说家，但通过自我刻苦训练，他终于成功了。

成功者的事实告诉我们，一个人如果不通过磨炼和努力，谁都不会在生活中获得成功。因为在你的工作和职业生涯中，需要汗水才能培育成功。即使你出生于富贵家庭，或聪慧过人、体格强健，你仍然需要通过艰苦努力去发挥你所有的潜能，从而获得真正的成功，所以成功者的智慧在于不言放弃，贵在持之以恒。

品悟人生

很多的成功往往就在你迈出的下一步，也就在你历尽艰辛的下一站的路口，只要坚持一下，就会看到成功已经在不远处向你招手。

如果要“挖井”，就要挖到水出为止

人的一生，是需要用成功来支撑的，可是只有少数的成功者才能取得成功。就像挖掘一口水井，挖了九十九成，还没有发现水，于是自己就放弃了，实际上，只要再坚持一下，水就可以出来了。

古希腊大哲学家苏格拉底，曾经给他的学生出过一道“坚持”的考题，用来说明他的哲学思想。考题是这样的：有一天，他对学生说：“今天，我们只学习一件最简单的事，也是最容易做的事，那就是把你们的手臂尽量往前甩，再尽量往后甩。”在他自己示范了一遍以后说：“是不是很简单？但是，从现在开始，大家每天都做300次。”学生们感到这个问题太可笑了，纷纷猜测老师下一步到底要干什么，见他没有其他目的后，就马上连声回答：“能、能！”一月后，苏格拉底问：“哪些同学坚持做了？”这时有90%以上的学生骄傲地举起了手。两个月后，当他再次发问，能够坚持下来的只有80%。到一年后，再次问道："还有哪些同学坚持每天做？"教室里只有一个同学举起了手。举手的人就是后来成为古希腊大哲学家的柏拉图。

不管做什么事，万事开头难。成功者不仅知道好的开始等于成功了一半，而且更懂得成功最重要的还在于持之以恒，很多事，不能开始了一点点，虎头蛇尾就完了，因为半途而废的人最终也不会做成任何事情。

一件事从头到尾，也许过程并不会非常顺利，可能其中会遇到一些困难、挫折，也或者由于你个人的原因导致事情被耽搁、被延误。这时候，你是打算继续回来把它做下去，还是做到哪里算到哪里，就这么算了呢？

其实很多时候，很多的人总是在做下去还是放弃之间摇摆不定。一件小事，可能就会成为横亘在人们面前的艰难抉择。

这是一个企业老板的自传中节选的一段话：

三年前，我怀揣梦想只身来到这个人海茫茫的都市，想开创一份能够给我带来激情的事业，但是因为缺乏经验，缺乏独当一面的能力，我在相当长的时间内仅仅是做着距我的理想很遥远的工作，而且仅仅是那种为了解决温饱而做的工作。我曾经非常沮丧灰心，甚至焦虑得整晚睡不着觉，不知道自己在这里孤身一人，饱尝孤独和艰辛是为了什么，不知道这种坚持值不值得。"放弃"这个词无数次出现在我的脑海里，一次次削弱我的斗志。这样的思想斗争现在看起来不算什么，可是在当时的确算得上是艰苦卓绝，从不断地怀疑自己到渐渐地树立起自信，这个过程是非常痛苦的。还好，我没有灰心，终于走了过来，坚持了下来，并真正找到了自己价值。

其实，很多事情，只要往前跨一步就是成功，关键就在于你肯不肯坚持这关键的一秒钟。摆在我们人生面前的路总是很多条的，如果你选择了一条你认为正确并有兴趣走下去的路，那么，无论这条道路是荆棘还是泥泞，你都应该义无反顾地走下去，这就是坚持的精神。

我们很难想像那些总是半途而废的人能做成什么事情，因为他每一次都草草地开始，又都匆匆地结束，目标摇摆不定，三心二意，今天觉得这个好，明天又觉得那个好，三天打鱼，两天晒网，最后兜了一圈回来，自己还在原来的地方一事无成。

当然，持之以恒、善始善终并不是想做就能做到的，它需要你有着足够的忍耐力和意志力，并且对自己的工作和事业充满热情。那些成功的人大多都有一个共同的特点，即坚忍不拔，意志刚强，不达目标绝不罢休。他们不骄不躁，兢兢业业，不会采取一些投机取巧的手段，只会耐心等待机遇，积累实力。

对自己的工作充满热情的成功者，不论工作有多么困难，或需要多大的精力，都会始终如一地用不急不躁的态度去进行。而事实的确正如他们所料，瓜熟蒂落，水到渠成，坚持了，收获就自然来了。

谁能够坚持到最后，谁就是最大的赢家。一般来说，笑到最后的人，也是笑得最开心的人。因为坚持，成功者得到了他想要的人生。

成功是一条铺满荆棘的漫长的道路，只有坚持走下去，才能到达彼岸。如果你有半途而废的习惯，你只能一无所获，无功而返。因此先前再多的努力都会因你一时的放弃而毁于一旦。我们都知道市场竞争常常是耐久力的较量，有恒心和毅力的人往往是笑到最后、笑得更好的胜利者。半途而废的人是不会拥有成功的，因此，成功者教导我们，如果你要挖井，就一定要挖到出水为止。

品悟人生

做任何一件事，只有做到底了才算把一件事做好，成功也是，没有一个成功是半路上的成功，因为成功的甘泉总是在井的最底层。

坚持、坚持，再坚持

许多事没有成功不是由于构想不好，也不是由于没有努力，而是由于努力不够。坚持就是拓进，就是遇到困难绝不放弃的韧劲儿。真正的成功是要坚持永不放弃。

现实告诉我们，那些最著名的成功人士获得成功的最主要原因，就是他们绝不因失败而放弃。小说《哈里·波特》的作者，为了出版这本小说，她跑了许多家出版社，但由于这类的书稿在当时尚无先例，所以很多出版社都不肯出版，她不知道跑了多少家出版社，但得到的结果大多都一样。然而决不放弃的信念让她坚持下去，以至最终她的愿望得到了实现。

著名的大发明家爱迪生曾经说过："成就伟大事业的三大要素在于：第一，辛勤的工作；第二，不屈不挠；第三，运用常识。"

爱迪生一生的发明无数，就以我们现在所使用的电灯来说，就做了不下千次实验，如果爱迪生没有坚持下去的信念，那么，我们现在会有这么明亮的光源吗？爱迪生要是没有这种坚持下去的信念，他会成功吗？事实告诉我们的是"永远不会"。

她是一个对足球十分痴迷的女孩子，她为了自己的梦想，每天缠着自己的父亲带她去体校踢足球，父亲在百般无奈下，只好带着她到了体校踢足球。在这个学校里，因为这个女孩以前并没有受过规范的训练，所以她踢球的动作、感觉都比不上先入校的队友，这也使女孩并不突出。很多的时候，她在场上训练踢球时常常受到其他队友们的奚落，说她是"野路子"球员，因为队员的奚落，女孩的情绪一度很低落。她为了进入体校挑选的后备力量中，总是努力地训练着，每次选拔，她都很卖力地踢球，然而终场哨响，她又没有被选中，而她的队友已经有不少陆续进了职业队，没选中的也有人悄悄离队。不过，每当这个时候，这个女孩总是表现出惊人的坚决，她总是在心里对自己说："你一定能行的，你要坚持下去，只要坚持下去了，你一定能成为一个优秀的球员的。"

这个女孩的教练也总是对她说："名额不够，下一次就是你。"所以更加坚定了天真的女孩的希望，使她树立了信心，又更加努力地接着练了下去。

下一次的选拔赛上，女孩仍没有被选上，这时的她实在没有信心再练下去了，她认为自己虽然场上意识不错，但个头太矮，又是半路出家，再加上每次选拔时，她都迫切希望被选中，因此上场后就显得紧张，导致平时的训练水平发挥不出来。她为自己在足球道路上黯淡的前程感到迷茫，就有了离开体校放弃踢球的打算。经过心里的斗争，她找到了教练并且告诉教练她想退出了。教练什么也没有说，默默地看着这个平时努力训练的小女孩离开，然而，没有想到的是，第二天，女孩却收到了职业队的录取通知书。她激动不已地马上前去报到。之后，她又去找教练，这次教练对她说了一段话，教练对她说："孩子，以前我总说下一次就是你，其实那句话不是真的，因为我不想打击你，我想的是你听到这句话应该继续更加努力地训练下去啊！"听完这段话，女孩一下子什么都明白了。她明白了，只有坚持才会胜利，只有坚持才会成功。

希望集团的刘永好也说过："现在对我而言，再多一个亿和多几百块钱没什么区别，因为当满足自己生活所需后，钱已经不是我追求的最终目标。因为支撑一个人不断前进的是不断的追求和奋斗。"

长跑运动员海尔·格布雷西拉西耶出生在埃塞俄比亚阿鲁西高原上的一个小村里，在他小的时候，每天在腋下夹着课本，赤脚上学和回家，他家离学校足足有10公里远的路程。贫穷的家境使海尔·格布雷西拉西耶不可能有坐车上学的奢望，于是，为了上课不迟到他只能选择跑步上学。每天海尔·格布雷西拉西耶都一路奔跑，与他相伴的除了清晨凉凉的朝露和高原绚丽的晚霞，还有耳旁呼啸而过的风声。许多年后的今天，海尔·格布雷西拉西耶先后15次打破世界纪录，成为当今世界上最优秀的长跑运动员。由于早年经常夹着书本跑步，以至他在后来的比赛中，一只胳膊总要比另一只抬得要稍高一些，而且更贴近身体——依然保留着少年时夹着课本跑步的姿势。

我们许多人都在想，如果海尔·格布雷西拉西耶不是贫穷，那他会不会成为今天的世界冠军。今天，当海尔·格布雷西拉西耶回顾自己那段少年时光时，他也不无感慨地说：我要感谢贫穷。其他孩子的父亲有车，可以接送他们去学校、电影院或朋友家。而我因为贫穷，跑步上学是我唯一的选择，但我喜欢跑步的感觉，因为那是一种幸福。

是的，我们谁都不希望贫穷，我们谁都希望过上幸福的生活，可当我们别无选择地遭遇贫穷时，我们要学会把握贫穷给予我们的力量，就像格布雷西拉西耶，因为别无选择而跑步上学，因为跑步上学，最终成为优秀长跑冠军。

品悟人生

天底下没有不劳而获的果实，如果能战胜种种挫折与失败，不轻言放弃，使你更上一层楼，那么一定可以达到成功。而不管做什么事，只要放弃了，就没有成功的机会；不放弃，就会一直拥有成功的希望。

坚守，你就会获得阳光

许多人尤其是刚刚参加工作的青年，往往会对自己选择的工作不满意，常常抱怨公司或单位的条件太差，埋没了自己的才华，整日感叹那里没有一个伯乐来赏识自己这匹“千里马”。因此，在做事上形成了拖拖拉拉的习惯，工作上保持三分钟的热度，站在这个山头上总是看见那个山头高，总是在暗地里盘算着要去别的地方走一遭，换个新环境，舒畅舒畅。

如果一个人能在自己作出选择的那一刹那，就把自己的心踏实下来，就打算坚持下去，那他一定会在脚下的这块土地上掘出生命之水来，而不是挖一个坑换一个地方，到最后有被渴死的可能。

美国著名心理学家瓦尔特·米歇尔曾在一群小学生身上做过一个有趣的实验。

他给每个孩子发一块软糖，然后告诉他们说他有事要离开一会儿。他希望孩子们都不要吃掉那块软糖，他允诺说：假如你们能将这些软糖留到我办完事情回来，我会再奖励给你们两块软糖。然后他出去了。寂寞的孩子们守着那块诱人的软糖等啊等，终于有人熬不住了，吃掉了那块软糖。接着，又有人做了同样的事……20 分钟后，米歇尔回来了。他履行诺言，奖励没有吃掉糖的孩子每人两块糖。多年以后，他发现，那些不能等待的孩子大多一事无成，而日后创出一番业绩的全都是当年那些愿意等待的孩子。

坚强的忍耐力对于每个人来说，都不是天生的，而是需要在生活中磨炼。忍耐力是非智力因素中的重要一项，有些人可能是由于社会环境的影响或者是作为独生子女的“中心”地位的副作用，在学校、在家庭，养成了任性、冲动、无耐性的坏习惯，他们无克制力、意志薄弱，做事往往虎头蛇尾。这种习惯无论是对他个人还是对社会都是不利的，都无法很好地适应现代经济发展的态势。

无论你现在是一个默默无闻的小职员，还是一个不甘于继续当下环境的“三分钟工作者”，如果你想真正改变自己，真正让自己在工作上有突出的表现，那你就必须学会暂时的忍耐，忍耐环境对你的磨炼，对你的考验。既然选择了，就不要轻易放弃，否则你将永远一事无成。

加盟 NBA 6 年，罗斯一直默默无闻，他先是效力于烂队掘金，后又转入步行者。在“步行者”的头两年，他的日子一点都不好过，他得不到教练布朗的赏识，时常被晒在替补席上。“记得曾有一个赛季，连续 14 场没让我上阵，而当时我身上根本没伤。”说起那段痛苦的经历，罗斯至今感到心寒，但他认为这让他学会了很多，尤其是让他学会了忍耐，使他更加明白什么是值得更加去珍惜的。

直到伯德到“步行者”执教，才给罗斯带来了转机。罗斯在密歇根大学打球时，伯德曾看过他打球，当时就觉得他很有打球的能力。所以伯德到“步行者”对罗斯说的第一句话就是：“我相信你有天赋，我会重用你。”伯德的话给了罗斯极大的信心，他勤学苦练，技巧很快地得到了提高，并很快被列入首发阵容，如今罗斯已成为“步行者”的中流砥柱。在一次总决赛的比赛中，罗斯更是表现不俗。在前五场总决赛中，他发挥正常，平均每场得分达到了 22 分。尤其是在第五场比赛中罗斯更是独领风骚，一人揽下了 32 分，成为“步行者”的得分王。“罗斯一直是我最欣赏的队员之一，”伯德赛后说，“他的成功归功于他的踏实和努力。”

不要急于表现自己不完善的能力，不要苦于找不到赏识自己的伯乐。如果你想让自己有一个灿烂的明天，那你就应该在工作中、学习中学会观察，学会磨炼，只有在这种考验中，你的能力才能得到提高，你的水平才能得到发挥。如果你已经对自己的业务有了一个全面的了解，你已经对它的运作有了十足的把握，那你离成功的日子也就不远了。

品悟人生

在你还不成熟的时候，在你感到自己的知识还比较欠缺的时候，你不妨把抱怨先收起来，努力积蓄自己的能量，等到机会到来的时候，你就能让自己在发挥才能的过程中闪出耀眼的光彩。

第七章

敢和苦难较量，幸福是熬出来的

俗话说:“自古磨难出英雄，从来纨绔少伟男。”其意思是说，从古至今英雄人物总是要经历磨难才能成就大业，而娇生惯养之辈总是缺少气概难以成就伟业。所以，一个人要想获取成功，在磨难面前就一定要多一份坚强，多一份忍耐。

成功者，只知道自己能做的事很多

汤姆·邓普西生下来的时候只有半只左脚和一只畸形的右手，父母从不让他因为自己的残疾而感到不安。结果，他能做到任何健全男孩所能做的事：如童子军5公里行走，他做得不比任何人差。

后来他学踢橄榄球，他发现，自己能把球踢得比别的男孩子都远。他请人为他专门设计了一只鞋子，参加了踢球测验，并且得到了冲锋队的一份合约。

但是教练却婉转地告诉他，说他“不具备做职业橄榄球员的条件”，促请他去试试其他的事业。最后他申请加入新奥尔良圣徒球队，并且请求教练给他一次机会。教练虽然心存怀疑，但是看到这个孩子这么自信，对他有了好感，因此就收了他。

两个星期之后，教练对他的好感加深了，因为他在一次友谊赛中踢出了55码，并且为本队挣到得分。这使他获得了专门为圣徒踢球的工作，而且在那一赛季中为他的球队挣得了99分。

那是他一生中最重要的一次比赛。那天，球场上坐了六万六千名球迷。球是在28码线上，比赛只剩下了几秒钟。这时球队把球推进到45码线上。“邓普西，进场踢球。”教练大声说。

当邓普西进场时，他知道他的队距离得分钱有55码远，那是由巴第摩尔雄马队毕特·瑞奇踢出来的。球传接得很好，邓普西一脚全力踢在球身上，球笔直在前进。但是踢得够远吗？六万六千名球迷屏住气观看，球在球门横杆之上几英寸的地方越过，接着终端得分线上的裁判举起双手，表示得了3分，邓普西队以19比17获胜。球迷们几乎疯狂了。他们被邓普西创造的奇迹震撼了，很多人泪如雨下。因为这个“极限球”是一个只有半只左脚和一只畸形的手的球员踢出来的！

谈到父母，邓普西说：“他们从来没有告诉我，我有什么不能做的。”

身怀如此信念的人，在生活中根本就不会存在“不可能做到”这回事。

如果你觉得自己某些方面不行，即可有意识地去通过一些小事情来证实自己是行的。更有效的方法是：拒绝聆听别人“你不行”的声音，也包括自己的“我不行”声音。

小提琴家帕格尼尼是一位世界公认的伟大天才。然而，他的一生却是充满了无尽苦难。

他4岁时一场麻疹和强直昏厥症，使他差一点便被装入棺材。7岁又险死于猩红热。13岁患上严重肺炎，不得不大量放血治疗。40岁牙床突然长满脓疮，只好拔掉几乎所有牙齿。牙病刚愈，又染上了可怕的眼疾，幼小的儿子成了手中的拐杖。50岁后，关节炎、肠道炎、喉结核等多种疾病吞噬着他的肌体，后来声带也坏了，靠儿子按口型翻译他的思想。他仅活到57岁，就口吐鲜血而亡。

生活给他设置了各种障碍和漩涡。但他却长期把自己囚禁起来，每天练琴10～12小时，忘记饥饿和死亡。

他3岁学琴，12岁就举办首次音乐会，并一举成名，轰动声乐界。之后他的琴声遍及法、意、奥、德、英、捷等国。他的演奏使帕尔马首席提琴家罗拉惊异得从病榻上跳下来，木然而立，无颜收他为徒。他的琴声使卢卡观众欣喜若狂，宣布他为共和国首席小提琴家。在意大利巡回演出时，他的一曲《魔鬼的颤音》令所有观众为之倾倒，人们到处传说魔鬼暗授他妖术，所以他的琴声才魔力无穷。但李斯特却说："在这四根琴弦中包含着多少苦难，痛苦和受到残害的生灵啊！"

帕格尼尼的成功，让人们看到的是成功者成功的另一面：苦难、残酷，与死神病魔搏斗。一个人要坚强地站起来，才是取得成功的方法。

品悟人生

这个世界没有可以做完的事情，你要做的事情永远都是无止境的，就算是一个成功者，也会遇见强中手，所以时刻记住人要做的还有很多，追求的也还有很多。

永远不要在失败后面画句号

在一座魔鬼训练营里收容了各种各样的事业失败者，他们每天经受着各种严酷的体能、意志训练，以及看似非人性的体罚。他们不但要听一些成功学家的励志讲演，每天半夜以后还要被从床上轰起来，集体进入"成功殿堂"跪地大声忏悔和誓志。在这座殿堂中摆放着司马迁、勾践、苏武、吴承恩等先辈的塑像，也有林肯、卡耐基、拿破仑·希尔等人的画像。他们所跪的并不是什么毡垫，而是一块块小小鹅卵石。

这群人中有位叫单立的一位原是房地产公司总裁。曾经辉煌的他，几年间赔光了亿万资产，还欠银行近两个亿的贷款。40几岁，头发全白。他几天里不说一句话，死人一样，不思茶饭，只想一死了之。

教官们无论想尽什么极端的办法，都无法改变他的无动于衷。

一天夜里，外面大风夹着雷雨，单立熟睡中被两个蒙面人捂嘴套头挟持而去。

在野外的一棵大树下，他被几个大汉用绳索套住脖子，要实施"绞刑"。

一人郑重地对他来了一番"死前宣判"，历数他此前在经营管理上的罪行，什么“自恋狂”“狂妄自大”“一意孤行”“自我崇拜”等等，另外，由于他的愚蠢给企业造成巨大损失却执意逃避，故“判处死刑，立即执行”。

单立见死到临头，陡然猛醒。他痛哭流涕，大声呼救，并跺脚发誓：一定重新振作起来，再创辉煌，还清贷款。

几人假意争执：“杀，还是不杀”，似乎争执得很激烈。

单立一旁不停地保证、发誓、求饶。

最后，几人让他写一份“誓言书”才放了他，并告诫不准透露出半点风声，不可以报警，等等。

单立大难不死，悄悄溜回了“监牢”，躺在床上，暗暗庆幸不已。

第二天以后他变了个人似的乐观、积极，对未来充满了信心。

教官们在办公室大呼“成功”，因为他们极端的非常手法挽救了一个人——一个完全有可能再创成功的人才。

这是一个故事。但它说明一个道理：比失败更可怕的事多得很。当你看到那些“更可怕”的事情之后，失败对于你来说就会变得“无所谓”，大不了从头再来一回。

“失败”两字的后面，你有多种选择：

省略号（……）

暂告一段落，给自己留有余地。

破折号（——）

找出原由“改邪归正”。

逗号（，）

这只是一个短暂的停顿，但不是结束。

未完，待续。

无论成功者选择什么，成功者都绝不能在“失败”后面画句号，它等于一个人彻底认输，在“死亡判决书”上签下了自己的名字。

世界棒球史上最伟大的投手汤米·约翰在他的自传中写过自己受臂伤时的一段故事：

"我是1974年为洛杉矶道奇队打一场夜间比赛时受伤的，那个赛季我拥有一个棒球选手所能梦想的最佳状况——我是那年全国联赛的头号投手，即将赢得参赛以来的第20场胜利，球队也将打进世界系列赛。男孩子所有的梦想，都将在我身上实现。突然间，我站上投手板，砰的一声什么都完了。

"我的韧带断了，所有投手最怕肘部受伤，因为手术常常意味着投手生涯的终结。我需要进行的手术，是任何主要大联盟的投手都没有做过的，但我知道要想继续打球，就别无选择。

"1974年9月25日，布兰克·乔医生给我做了手术，复原的过程极为缓慢。我问医生：'我有没有机会再投球？'他们回答说：'有1%的机会。'但他们对我太太莎莉更坦白，说：'你的工作就是要鼓励汤米，想想他将来做什么，因为他的投球生涯恐怕已经结束了。'

"16个星期之后，我拆掉了石膏，手指萎缩得很厉害，我太太说看起来很像鸡爪。手臂瘦弱无力，好像是90岁的老人。要抓东西，还得把手指扳过去。连切肉、开门都办不到。莎莉用婴儿油帮我擦肌肤时，我的皮肤会一块块剥落在她手上。

"在康复阶段，我把大量的时间花在体育场里。在球场上，教练为我实施一系列严格的训练，帮助我强健肌肉。

"复原进展极为缓慢。有一天，我记得从球场回家，把手放在背后，告诉莎莉，要给她一个惊喜。她以为我在开玩笑，想可能是死蝎之类的东西，但当我慢慢把左手从背后伸出来弯着小指去碰拇指时，我们互相拥抱，跳来跳去，高声欢叫。这是我第一次能移动手指，感觉就好像得到10万元奖金似的，因为它表明那些肌肉终于康复了。

"当我不和教练一起练习的时候，就和球队一起出去，坐在本垒板后面比划投球动作，尽量为球队做我可以做的事。我告诉道奇队的老板彼得·欧麦里说：'我在康复，不能投球，但我愿帮忙做任何事情。'

"其他球队的球员、教练、领队都问我：'你真的以为你可以让那只手臂复原，让它再度看起来像是投球的手吗？我回答他们：'我坚信'。

"复原情形是一段漫长、艰辛的过程，在一年半的时间里，除了周日，我每天都坚持练习。此后，我真的恢复了，手术后主投的球赛，比以前还要多，并且代表扬基队在世界锦标赛中出场。

“许多人看到我，会摇头感叹我是那么坚定果敢，尽最大的努力。这或许是我家乡威尔斯的传统。或许是其他什么因素，但我喜欢证明别人的谬误。”

汤米拒绝在医生的“残废判决”书上签字，使他的事业未因臂伤而画上句号，从而再创辉煌。所以，在成功者的人生字典中没有“失败”的字眼。

品悟人生

失败是成功之母，成功总是躲在失败的后面，所以当遭遇失败的时候千万不要认为那就是最终的结局，因为失败过后就是成功。

决不放过最后一线希望

成功者在遇到绝望的困境下，不会只是绝望，他会在绝望的缝隙中发现最后一线希望，而且此刻的成功者，也往往会利用这最后一线希望，达成死里逃生，反败为胜的愿望。

成功者说，其实很多最后的一线希望，早就存在，只是你平时并未在意。

一位孤身旅游者在大漠中迷失了方向，他口干舌燥，浑身无力，步履越来越艰难，几乎要倒在了如火的骄阳下。在他濒临彻底绝望之际，突然发现衣袋里还有一个梨。他惊喜地喊道：“太好了，我还有一个梨，它能救我的命！”

他把那个梨紧紧地握在手中，继续在大漠里行走。望着茫茫无际的沙海，他很多次对自己说：“吃一口吧！”可是转念一想：“还是留到最干渴的时候吧！”

于是他顶着炎炎烈日，继续艰难地跋涉。就这样一直坚持了3天，终于走出了大漠。他久久地凝视着手中的那个梨，它早已经干瘪了，可是他还是把它像个宝贝似的攥在手里。就是这一个梨给了他希望和勇气，他才能走出沙漠，挽救自己的生命。

死神只喜欢人暗无天日的心境，因此只要还有最后一缕阳光在照射着你，死神就会望而却步；绝望的情绪只能在低洼处弥漫，一旦遇到阳光和清风它就会散去。

洪水泛滥之季有一个人掉到河里去了，水流湍急，他被水冲向下游。他拼命地在水中抓，想要抓住什么东西来救自己一命，但是手里抓的除了水，什么都没有。

他心想，“这下完了，没救了！”正这样想着，他马上就没有力气了，停止了挣扎，慢慢地向水下沉去。

忽然，他看到在不远处的河岸边有一棵树，树枝一直伸到河水里面，如果他可以抱住那棵树，就还有生还的希望。活下去的希望在他心中重新燃起，于是他使出最后的力气挣扎到那棵树那里。可是伸到河里的那一截树枝早已枯死了，他刚抓到树枝，就听到“喀嚓”一声，树枝断了。

就在这时，救援的人及时赶到，将他从河中救了上来。事后他说：“要不是心中想着那棵树，我根本等不到救援人员的到来！”他看着手中那截枯树枝，感慨地说，“是它给了我生存的力量！”

黑暗中的粒米之光，对一个深陷绝望之中的人而言，无异于一盏指路的神灯。

常在黑暗中生活的人，夜里捕捉目标的能力要比正常人强十倍以上；常在困境中跌打的人，没有一线生机能逃过他的眼睛。

一个商人遭遇了一个拦路抢劫的山匪。商人立即逃跑，但山匪穷追不舍。走投无路时，商人钻进了一个山洞里，山匪也追进了山洞里。

在洞的深处，黑暗中，商人被山匪逮住了，遭到了一顿毒打，身上的所有钱物，包括一把准备为走夜路照明用的火把，都被山匪掳去了。

幸好山匪并没有要他的命，劫去他的财物后，山匪就放了他。两个人各自寻找洞的出口。这山洞极深极黑，且洞中有洞，纵横交错。两个人置身洞里，像置身于一个地下迷宫。

山匪庆幸自己从商人那里抢来了火把，于是他将火把点燃，借着火把的亮光在洞中行走。火把给他的行走带来了方便，他能看清脚下的石块，能看到周围的石壁，因而他不会碰壁，不会被石块绊倒。但是，他走来走去，就是走不出这个洞，最终，他力竭而死。

商人失去了火把，没有了照明，他在黑暗中摸索行走得十分艰辛，他不时碰壁，不时被石块绊倒，跌得鼻青脸肿。但是，正因为他置身于一片黑暗之中，所以他的眼睛能够敏锐地感受到洞口透进来的微光，他迎着一缕微光摸索爬行，最终逃离了山洞。

世事就是这样匪夷所思，看似有着无限优势的劫匪，却因为火把的照明而丢掉了性命，而被黑暗包围的商人则抓住了求生的希望。

一个学者和一个普通人，他们一个喜爱怀疑，另一个讲究实际。他们两个人在一个很黑的夜晚，在森林里迷了路。这是个非常危险的森林，到处是野兽，树木非常茂密，漆黑一团。学者绝望了，他认定自己必死无疑，而那个普通人却不这样认为，他说："总会找到出路的。"

这时，突然来了一场暴风雨，乌云里亮起了一道巨大的闪电，就在这一刹那，学者被闪电吓呆了。他大张着嘴巴，绝望地叫道："完啦!"而普通人却借助闪电看见了走出困境的路。

当你把苦难视为苦难，并为此怨天尤人、叫苦不迭时，苦难的数目便会在你的害怕中翻番。

当你把苦难视为一种磨炼，认为它是在造就一个天才、一个成功者时，你就会哼出开心的歌并驱淡了苦难强加给你的疼痛。

希望之光就是饥渴之时的半瓶水，窘迫之际的一元钱，逆境之中唯一的一个合作伙伴，绝望时刻仅存的一个梦想。只要你能抓住那最后一根“救命的稻草”，未来的成功仍属于你。

品悟人生

这个世上没有绝对的失败，很糟糕的事情也会有一丝希望，只要保持心中那份不灭的希望，你就会找到黑暗中指引着出口的那点亮光。

屈辱中的蛰伏会裂变出成功者

一位成功者这样说道：奇迹，有时需要漫长的等待；复活，更需要超凡的耐心。

在北方零下40°的严寒中，大地一片肃杀气象：满目皑皑白雪，脚下是两米厚的冻土层；呼出一口气，瞬间结为冰雪颗粒，湿热的手碰到铁器会粘去一层薄皮……

此时此刻，你几乎无法相信在这个世界上，除了穿得厚厚的人和一些耐寒冷的毛皮动物之外，还会有什么生命存在。你甚至担心再也看不到鲜花和蝴蝶，还有青蛙与小鱼。是的，这样的温度下，那些弱小生命如何能存活下来呢！

然而，所有的生命却都会在春天里一样不少地重新出现。

你不能不对这种顽强的生命循环感到惊奇，尽管你清楚它们在冬眠。在几米深的冻土下或薄薄的茧壳中，在那死寂黑暗之中一动不动地蜷缩着大约9个月，200余个日日夜夜！这是生命的一个奇迹。

昆虫和青蛙们都明白：必须顽强地度过冬眠期才能见到春天，这是生命付给物种延续的必不可少的痛苦代价。

冬季里的一天，一个孩子与父亲一起来到花园中散步。

孩子在玩耍时发现一棵树已经死了。它的树皮已经剥落，枝干也不再呈暗青色，完全枯黄了。

孩子对爸爸说："爸爸，那棵树早就死了，把它砍了吧！我们再种一棵。"爸爸说："也许它真的不行了。但是，冬天过去后它可能还会抽枝发芽的，给它点时间，也给我们自己些耐心。"

果然不出父亲所料，第二年春天，那棵好像已经死去的树居然真的重新萌生新芽，和其他树一样在春天里展露出生机。其实这棵树真正死去的只是几根枝杈，到了春天，整棵树枝繁叶茂，和其他的树木并没有什么差别。

蝉，在昆虫类中应该算是生命力最顽强、寿命最长的物种之一。它们平均寿命为6～7年。就一只小小的昆虫而言，这种寿命不能不令人惊奇。

不过，当你了解了这种昆虫中的成功者的成长过程之后，你就会明白这样一个道理：痛苦是成功者的摇篮。

一只蝉的卵，要在深土中经过三、四年蛰伏，一次又一次的蜕变、壮大，最后才会生出翅膀飞到树上去。在正式成为蝉之前，它不过是一只地下的土虫，它苦苦地忍耐，顽强地经受着自然界的优胜劣汰，弱肉强食的考验，为了能够成为一只飞来飞去、振翅鸣叫的蝉，努力拼搏。

生命的顽强源于制造过程的严酷、残忍，否则，它们只能是那些几十天寿命的劣种。

如果将一只刚刚捕捉到的蝉捏在手指间时，你会被它那强劲的挣扎力量所折服。另外，它的鸣叫声几乎可以同汽车喇叭媲美，堪称昆虫类中叫得最响的。它们的强大，无疑是一次又一次蜕变的结果。

然而，蜕变是痛苦的。这种痛苦包含着暂时丧失攻击与自卫的能力，很可能轻易成为他人猎物的极大风险；以及蛰伏期漫长的寂寞与等待，形体更新的剧痛，等等。

蜕变，是一种生命力的自我强化过程；

蜕变，是造就成功者的唯一模式。

蜕变的蛰伏期越长，重新站起来就越坚强，威力也更大。

这方面的例子，勾践"卧薪尝胆"的故事最有说服力了。他投降后给吴王当了三年的马夫，回国后“十年生聚，十年教训”，终于使赵国渐渐强大起来，一举灭了吴国。前前后后他至少经过近二十年的蛰伏蜕变期。

若无超人的意志与耐心，成功者怎么会等到成功的到来呢？蛰伏也是一种艺术，它是成功者一种获取成功的人生蜕变。

品悟人生

忍辱才可以负重，蛰伏是为了蓄积力量，就如同火山爆发一样，当所有的条件成熟了以后，你会变得势不可挡。

永远都不惧怕失败

每个人都是在创造财富的过程中走完这一生的。只是在这个过程中有的人成功了，有的人却没有成功。那些成功的人之所以有很大的成就不仅仅是因为有机遇，还在于他们是用生命去做自己的工作，他们不会向失败和困难低头，即使倒下了，也会站起来，他们的成功心态造就了成功。

现在的网游首席执行官史玉柱的大起大落就是一个很好的例子。他发家靠的仅仅是一套很小的电脑软件，在其不断地更新升级过程中，他的事业也以跳跃式的方式前进。随后他用了大量的资金建设了巨人大厦，令人佩服的是这个当初耗资几十亿之多的工程，居然没有向银行借款，这在那个时代确实是难能可贵的。

但是，巨人大厦倒塌了，那段时间对于史玉柱来说，是最灰暗的日子。这次失败意味着史玉柱所拥有的一切都将成为过去，他必须从零开始。如果是常人，也许会选择放弃。但是，史玉柱是一个有着坚强意志的人，他不会随便被困难击倒，他收拾心情重新开始。他一直坚持着理想与追逐，他独特的人格魅力使员工在自给自足的情况下与他并肩奋战，而后脑白金市场的待续升温，又给史玉柱迎来了新的春光与生机。

如今的史玉柱和几家商业私有银行强强联手，做属于自己的网游，也一样做得有声有色。他的大将风度与不畏失败的精神，让他在财富的路上永远向前看。而做为一个成功者也必须拥有这样的精神和态度，只有这样，才能支撑着你克服困难一直向前，从而使自己的道路越走越宽。

如果你要在这个世界上生存，而且还想活得好一点，必须要有与之对等的能力。最起码不能在心理上输掉自己，这是获得成功的最坚实的心理基础。

希尔顿没经商以前生活非常贫困，为改变艰难的处境，他离开了农场，沿着镇里的店铺挨家访问，想谋求一份店员的工作，然而，老板嫌他没有销售经验，不愿意雇用他。后来，他来到一个小副食店，老板只同意给他提供食宿，没有薪水。再后来，他到了一家布料店，老板不让他接待客人，让他大清早到店里升炉火，然后擦窗子、送货，半年内不能领薪水。他说："我在农场工作了十年，才存得了五十美元，这些钱只能维持三个月的生活费用，那么至少从第四个月开始，请付我日薪五十美分吧！"老板答应了，但条件是每天必须工作十五小时，也就是每小时薪金三美分。他一次次地承受着生活给予他的压力，但是，事业却在那个时候起步了。一年之后，他用借来的三百美元，开设了一家商品零售店，销售的全是五美分的货物。十几年后，他建造了当时世界第一座高楼，即伍尔沃斯大厦。几十年之后，希尔顿又以七百万美金买下了阿斯托里亚大酒店的控股权，他以极快的速度接管了这家纽约著名的宾馆，并很快使之进入到正常的运营状态。

希尔顿的经商头脑是无与伦比的，他不会放过哪怕是一点点没有充分利用的空间。有一天，他在酒店大堂前停下来，注视着大厅中央那些巨大的通天圆柱。他想，既然这四个空心圆柱在建筑结构上没有支撑天花板的力学作用，那么，它们还有什么存在的意义呢？于是，他叫人把它们迅速改造成了四个透明的玻璃柱，并在其中设计了漂亮的玻璃箱。

这一构想使四根圆柱不仅具有了装饰性，而且还发挥了它们应有的商业作用。没过几天，那些机警的纽约珠宝商和香水制造厂家便把它们全部租下来，并把产品摆了进去，以增加他们的品牌效应，而希尔顿则坐享其成，仅这四根玻璃柱子每年都能收回许多租金。

从史玉柱和希尔顿的成功之路看来，一个人的成功永远都不可能一帆风顺，能够在失败和困境中坚守目标的人以后的路才会越走越好，才会迎接美好的人生。

品悟人生

不要在失败和困境中给自己无法成功的暗示，否则，永远都不可能获得想要的结果。

挺住，你就会获得幸运

都说幸福的家庭家家相似，而不幸的家庭却各有各的不幸。其实每个家庭，总会经历一些大大小小的不幸，甚至包括那些看似幸福不已的家庭。那么为什么有的家庭在经历了不幸的时候还是能表现得非常幸福呢，为什么那些原本幸福的家庭却“祸不单行”呢，除了一些机遇的因素之外，最关键的是前者能善于挺住不幸，耐心地等待幸运之神的到来。

老陈是一个公司的部门经理，虽然工资不是很高，但是他生活得非常惬意，不仅仅是因为他喜欢自己的工作，更是因为他有一个非常美满的家庭，上有疼爱自己的父母，有美丽贤惠的妻子，下有一个非常孝顺，学习成绩又好的儿子，一家人过得其乐融融。现在老陈最大的愿望就是在儿子大学毕业的时候全家人去欧洲旅游一番。

可是美好的愿望与和谐的家庭被一次事故给打破了。暑假的一天，老陈像往常一样去单位上班，而他的儿子则随他一起到附近的书店去买书。就在父子俩分手之后不久，老陈的手机响了，是交警大队打来的，他的儿子为了救一个横穿马路的小女孩而被一辆大货车撞成了重伤，情况危及，需要家属立刻赶往医院签字进行手术。

老陈听到这个消息，脑袋“轰”的一声，眼前突然一黑，身体顺势倒了下去。为了儿子，他勉强赶到医院，可是接下来的事情让他更加无法接受。因为儿子失血过多，需要立刻输血，老陈立刻决定为儿子输血，可是当他给儿子输完血的时候他却发现自己儿子的血型竟然是AB型，而自己和妻子的血型都是O型，那儿子的血型怎么会出现AB型呢？

在确定医院没有化验错的时候，老陈真不知道该如何去面对这个现实。他相信自己的妻子对自己是忠诚的，不会做出对不起自己的事情，那么这个孩子到底是怎么回事呢？最后，他得出一个结论：在生孩子那天被医院抱错了孩子！而随后，在当时孩子出生的那个医院里的记录中查到了和自己儿子同一天出生的人，可是茫茫人海，怎么去寻找呢？

唯一的办法就是按照上面的地址一家家去寻找。22年时间过去了，那些地址不是变的变，就是没有的没有。在经过了两个月的辛苦找寻之后，还是一无所获。

老父母在听到这个事情的时候，着急上火，双双病倒在床，而温柔贤惠的妻子为了证明自己的清白，几次选择自杀，幸好被老陈及时发现而抢救了过来。面对突如其来的这些不幸，老陈似乎真的要崩溃了，他似乎觉得天都要塌下来了，但是现在唯一能做的就是挺住，当好家里的顶梁柱，为家人撑起明天的希望。

在老陈的坚持之下，事情终于出现了转机：当地的电视台在听到了老陈的消息之后，开始帮助他寻找自己的亲生儿子，而医院也做出回应，对自己所造成的过失承担责任，妻子在老陈的鼓励下也开始正视这个现实，勇敢地加入到了拯救行动之中，父母的病情也在一步一步地好转……

就在出现转机的不久，电视台给老陈带来了好消息，地址上面的那些人都找到了，并且也都愿意配合做亲子鉴定……老陈一家听到这个消息，热泪盈眶地抱在了一起！

事情的结局就是：老陈也由一个儿子变成了两个儿子，出国旅游由一家人变成了两家人……

老陈一家是不幸的，并且是一连串的不幸；同时老陈一家又是幸运的，帮助他的人很多，自己做出的努力很多，结果是令人满意的。而之所以这个结果是令人满意的，关键就在于老陈挺住了所有的不幸，撑起了蔚蓝的明天，幸运才会永远相伴！

品悟人生

面对生活中的不幸，只有能挺住才能将现状打破，给自己的生活一个翻身的机会，也给幸运一个降临的机会。

不幸是一所最好的大学

有人面对不幸会越来越不幸，而有人面对不幸却会越来越好，是什么原因呢？其实很简单，越来越好的人，他们面对不幸时，会以良好的心态坚守这些不幸，他们能在这些不幸中为自己打气，给自己信心，直到迎来新的人生局面。

赵一龙刚出生时，就双目失明。医生给出的结论是：他患的是双眼先天白内障。赵一龙的父亲望着医生，不相信他的话。“难道就真的没有办法可以改变了吗？手术也无济于事了吗？”医生只是一味地摇头。

赵一龙不能看见东西，但是他的父母给他的爱和信心，使他的生活过得很丰富。

在赵一龙8岁的时候，发生了他所不能理解的一件事。一天下午，他正在同另一个孩子玩耍。那个孩子忘了赵一龙是一个盲人，他抛了一个球给他：“当心啊，那球过来了，别让它打到你。”这个球没有转变方向，一下就打在了赵一龙的身上，通过这件事，使得赵一龙非常困惑。

后来他问母亲："我的小伙伴们，为什么知道将要发生在我身上的事情，他们总是能提醒我，而我却不能。"在这种情况下，母亲只能把事实告诉他。

"一龙，坐下。"母亲温柔地说道，同时伸手过去抓住他的手。"我不可能给你解释清楚，你也不可能理解清楚，但是让我努力用这样的方法来向你解释你所说的问题。"首先，母亲向赵一龙解释了什么是五觉，听觉、触觉、嗅觉、味觉、视觉。然后对赵一龙说："你只有其中的四觉，你缺少了五觉当中的视觉，所以你不能和小伙伴一样。虽然你不能真正地运用你的视觉，但是，你应该有能力去运用它。现在我要给你一样东西。你站起来。"

赵一龙站起来了。他的母亲拾起他的球。"现在，伸出你的手，就像你将抓住这个球。"母亲说到。赵一龙伸出了他的一双手，一会儿，手接触到了球，他就把手指合拢，抓住了球。

"好，"母亲说道。"我要你绝不忘记你刚才所做的事，一龙，你能用四个而不是五个手指去抓住球。所以你也能用四种感觉抓住美好而幸福的生活。"

赵一龙绝不会忘记用四个手指代替五个手指的话。这对他来说意味着希望。每当他由于生理的障碍而感到沮丧的时候，他就用这句话来激励自己。他发觉母亲是对的。如果他能应用他所有的四种感觉，他确实能抓住完美的人生。

确实如此，在我们的生活中这样那样的缺陷很多，但是，只要我们有信心，有希望，就能减少事情的难度，找到自己的幸福。

海伦·凯勒是位全世界都知道的盲人成大事者，她是如何站在信念的天平上的呢？换句话说，当她生理上和生存上开始面临不幸的时候，她是如何成大事的呢？

海伦刚出生时，是个正常的婴儿，能看、能听，也会呀呀学语。可是，一场疾病使她变成既盲又聋的小哑巴——那时她才 19 个月大。

但是海伦凭着她那坚强的信念，终于战胜自己，体现了自身的价值。她虽然没有发大财，也没有成为政界伟人，但是，她所获得的成就比富人、政客还要大。

品悟人生

热爱自己的生命就是要相信自己生命的价值，既不过分地抬高自己，也不暗自贬低自己，而是让自己的价值闪耀出色彩。

挫折和失败，让懦夫熬成强人

著名的哲学家伊曼努尔·康德说过，恐惧是对危险的自然厌恶，它是人类生活中不可避免的和无法放弃的组成部分。当你的敌人太过强大而让你心生畏惧时，你该怎么办？在恐惧的情绪下和对方全力比拼，就算侥幸胜利了，也是两败俱伤。有经验的人会告诉你，不管眼前的敌人多么强悍威猛，只要适时激发信心，你就能轻而易举地战胜他。

美国最伟大的推销员弗兰克说："如果你是懦夫，那你就是自己最大的敌人；如果你是勇士，那你就是自己最好的朋友。"对于胆怯而又犹豫不决的人来说，一切都是不可能的，正如采珠的人如果被鳄鱼吓住，就得不到名贵的珍珠。事实上，总是担惊受怕的人，他就不是一个自由的人，他总是会被各种各样的恐惧、忧虑包围着，看不到前面的路，更看不到前方的风景。正如法国著名的文学家蒙田说："谁害怕受苦，谁就已经因为害怕而在受苦了。"

怯懦者总是不敢大胆地去做一些事情，逐渐形成低估自己的能力，夸大自己的弱点的习惯，再没有信心去处理本来能够处理好的事情。即使他们很有潜力可挖。但由于怯懦使得他们遇事顾虑重重，精神压力很大，长此以往，可能引起焦虑、恐惧、神经衰弱等身心疾病。怯懦性格者的最大弱点是过于畏惧和害怕，要克服这一弱点，就要借助气势的激励。对性格怯懦的人来说，要学会用自我打气、自我鼓励、自我暗示等方法来培养自己无所畏惧的气势。要善于发现和肯定自己的长处与成绩，提高对自我的评价和信心。

许多人之所以怯懦，无非就是怕失败。但越怕就越不敢行动，越不敢行动就又越怕，一旦陷入这种恶性循环之中，怯懦不免就加深了。应该懂得：越是感到怯懦的事越要大胆去做，只要你能大胆去做，你才能战胜你的怯懦。

人身上的潜能是无穷无尽的，如果你想充分发挥你自己身上的潜能，想知道自己能胜任什么事，那就从现在开始，把你身上的无形障碍，也就是你害怕做的事，一项一项排排队，由易到难订个跨越计划。然后从第一件害怕做的事做起，直到不惧怕为止。这样每完成一项，你就跨越一个心理障碍，解去一根捆绑自己心灵的绳索，消除一次“我从未做过”的念头，擦去一个“我不敢做”的想法。

品悟人生

如果你想成为一个成功的人，在困难和压力面前，怯懦是没有用的。只有不畏挫折和失败，不怕别人讥笑，你才可以不断体验到成功的快乐和奋斗的乐趣。

在逆境和挫折中崛起

逆境和挫折可能使懦弱者陷于怨恨、消沉和灰心的情绪中而不能自拔，甚至完全屈服于逆境；但对于信念坚定、意志坚强的人来说，逆境和挫折会成为激发自己有所作为的神奇力量，所谓“艰难困苦，玉汝于成”，只有在逆境中不气馁、敢于拼搏、奋勇当先的人，才能开辟出通往胜利的道路。

任何人，不管他从事何种技艺，如果没有忍受酷暑、严寒、饥渴和其他种种逆境的能力，他就不能在该项领域中超凡出众、卓越非凡。

中国企业家张其金就是一个具备这种品格的人。他的公司坐落在上地国际创业园的一座大楼里，你一走进他的公司，就能感受到一种高科技的气息，同时你也会被四周明亮的玻璃所感染。

但是，在张其金的背后，却藏着无数的辛酸血泪。

张其金在创业之初，把打工赚来的钱用得一干二净，并且一连几个月都以办公室为家，因为他付不起房租。他也婉拒过无数的好工作，因为他坚持实现自己的理想。

就在整整七年的艰苦挣扎中，谁也没有听他说过一句怨言，他反而说："对于每一位创业人士来讲，在其创业的过程中，总会遇到这样或那样的困难，而这些事情也都是不可避免的。然而，到最后有的人成功了，而有的人却以失败告终。其原因就在于前者在遇到困难的时候，能够想办法去克服它，而后者却是遇到一点困难就畏缩不前，打起了退堂鼓，于是失败也就成了必然的事。这也正是成功者与失败者的根本区别，所以要想成功就必须在遇到困难的时候，不甘失败，奋勇向前，而不是退缩。"

他真的做到了，而且做得轰轰烈烈。

张其金在实行企业转轨进入动漫产业的时候，由于股东之间的意见不合，有两位股东发生了强烈的争执，最后导致一位股东退出，并委托他管理其在公司的股份。事后，有一位朋友对他说："这两位股东的意见不合，已经把你折磨得疲惫不堪了，你为什么还这样执著呢?"张其金却这样回答道："再大的困难，对于一个不怕困难、有自信的人来说，没有什么克服不了的！成功，不会令人永远满足，失败也不会令人停止不前。只要正确对待失败，失败也会成为成功的基础。而公司的这两位股东的争议，我并不觉得很难受，反而觉得是受用无穷的经验。"

事实上，这在张其金的人生历程中，只是微不足道的事情。在此之前，张其金就遇到过比这更严重的事，甚至有股东挟款外出的现象，但是，他却凭着惊人的意志力，过人的沉勇和谋略，力挽狂澜，顶住了来自公司内外的压力，从而使公司生存了下来。对此一位员工发短信给他说："张老板，我们知道你心里压力肯定很大的，我们虽然不能帮到你什么，但我们定会努力工作，在精神上支持你，像你说的那样，不管怎样，公司一定可以生存下去。因为人生总会遇到种种曲折和坎坷，没有困难的环境是不存在的。任何成功都是战胜困难而取得的，要想不经过艰难困苦，不付出极大努力，轻而易举取得成功，乃是痴心妄想。”

品悟人生

在我们的人生历程中，我们一定要意识到：天下永远没有不劳而获的事，如果我们能够在逆境和挫折中崛起，能够利用种种挫折与失败来驱使我们更上一层楼，那么，我们就一定会实现心中的理想。

只要走出磨难，就能获得成功

成功的人，往往敢于应对挑战，个个都是解决问题、排除困难的高手。他们明白：困难可以把你击垮，也可以让你重新振作。当你没有勇气面对困难时，它们是不可逾越的高山；当你借勇气、凭毅力克服那些困难后，回头再看时，它们不过是一只只纸老虎。

阿迪·达斯勒被公认为现代体育工业的始祖，他凭着不断的创新精神和克服困难的勇气，终身致力于为运动员制造最好的产品，最终建立了与体育运动同步发展的庞大体育用品制造公司。

阿迪·达斯勒的父亲从早到晚靠祖传的制鞋手艺来养活一家四口人，阿迪·达斯勒兄弟两个有时也可以帮助父亲做一些零活。一个偶然的机会，一家店主将店房转让给了阿迪·达斯勒兄弟，并表示可以分期付款。

兄弟俩欣喜若狂，可资金仍是个大问题，他们从父亲作坊搬来几台旧机器，又买来了一些旧的必要工具。鲁道夫和阿迪正式挂出了“达斯勒制鞋厂”的牌子。

建厂之初，他们以制作一些拖鞋为主，由于设备陈旧、规模太小，再加上兄弟俩刚刚开始从事制鞋行业，经验不足，对市场又不是很了解，款式上是模仿别人的老式样，种种原因导致生产出来的鞋，没有引起消费者的注意，销售情况不是很好。

出师不利的困境没有让两个年轻人打退堂鼓；意想不到的困难，更没有使他们退缩。他们想方设法找出矛盾的根源所在，努力走出失败的困扰。

为了尽快走出困境，解决问题，了解当地人们的喜好，他们挨家挨户地调查人们穿鞋的爱好和对鞋的要求，并到大街上观察人们穿鞋的式样、颜色，从而预测即将到来的流行趋势。

然后，兄弟俩面对调查所得资料，进行全面的综合分析。他们认为：从鞋厂自身的现状看，自己的生产规模不具备生产高档皮鞋的条件。并且，上流社会的人们不会把他们这个小厂放在眼里。

他们应该立足于普通的消费者，只能把消费的主要对象选在大众身上，因为普通大众大多数是体力劳动者，他们最需要的是既合脚，还必须耐穿的鞋。

由于阿迪是一个体育运动迷，并且深信随着人们生活的提高，健康将越来越会成为人们的第一需要，而锻炼身体就离不开运动鞋。

兄弟俩确定好目标后，就勇敢地开始转型。大胆的他们把自己的家也搬到了厂里，在厂里一待就是一个多月，终于生产出几种式样新颖、颜色独特的跑鞋。

然而，任何一种新产品推到市场，都有一个被消费者认识的过程。当阿迪兄弟俩带着新鞋上街推销时，人们首先对鞋的构造和样式大感新奇，争相一睹为快。

可看过之后，真正掏钱买的人很少，人们看着两个小伙子年轻、陌生的脸孔，带着满脸的不信任离开了。

一连许多天，都没有卖出一双鞋，兄弟俩四处奔波，向人们推荐自己精心制作的新款鞋，但都受到了同样的冷遇。两个人都有些灰心了。

阿迪兄弟本以为做过大量的市场调查之后生产出的鞋子，一定会畅销。市场又一次无情地打击了阿迪兄弟。他们不知道问题出在了哪里。无法解决的困难又一次让两个年轻人陷入绝境。

可阿迪·达斯勒的字典里没有“困难”这个词，只有胆气陪伴着他们，去闯过一个个难关。

经过冥思苦想，弟弟阿迪的脑海中突然冒出一个想法：人们不愿买自己的鞋，不是因为我们的鞋子质量的问题，也不是款式的原因，而是因为自己的小厂刚刚起步、尚未建立起信誉，人们还不了解自己，担心质量没有保障。想到这里，弟弟阿迪对哥哥说："为何我们不想想办法，先建立起人们对达斯勒制鞋厂所制造的鞋子的信心呢？"

兄弟俩商量后决定：把鞋子送往几个居民点，让用户们免费试穿，觉得满意后再向鞋厂付款。

阿迪兄弟俩分头行动，第二天，鲁道夫立即和阿迪即分别将几种款式的几十双新鞋送到了小厂附近两个居民点的几十户居民手中。然后，兄弟俩便忐忑不安地守在制鞋厂里，满怀期待地等候佳音。

一个星期过去了，用户们毫无音讯。两个星期过去了，还是没有消息。兄弟俩心中都有些焦躁，有一些坐不住了。

终于有一天，第一个试穿的顾客终于上门了。他非常满意地告诉阿迪兄弟俩，鞋子穿起来感觉好极了，价钱也很公道。在交了试穿的鞋钱之后，又订购了好几双同型号的鞋。

随后不久，其余的试穿客户也都陆续上门。一时之间，小小的厂房竟然人来人往，络绎不绝。鞋子的销路就此打开，小厂的影响也渐渐扩大了。

阿迪兄弟俩凭着自己的信心和勇气为日后家族现代体育工业帝国的建立，打下了坚实的基础。

任何时候，任何事情，都存在各种各样的困难，而这些困难，在会闯者的眼里是不足为惧的，而那些怯于闯荡者的心目中，困难总是不可逾越的，他们习惯也愿意把困难垒高，从而给自己的"无能"披上一件遮羞布，为自己的懒惰搭一张温床。而所有那些把困难垒高的人，无一例外地都把自己划分到了失败者的行列中。

品悟人生

成功的人们告诉我们：没有不可解决的困难，只有无法逾越的心灵堡垒。

挺住了低谷，便能熬出辉煌

生活就像浩渺的大海，不仅有涨潮的欣慰，更有落潮的无奈；生活也像一碗百味汤，酸甜苦辣溶于其中，各种滋味，品后才知分晓。人生更是一场坎坷的旅途，不如意之事常有八九，有喜更有悲，有起也有落；既有成功后的喜悦，也有失败后的痛苦。成功的喜悦给人积极向上的启迪，使人走出人生的低谷。

面对短暂的人生，要学会面对磨难，不要错过人生的失意时刻，也许当生命之神把你抛入谷底时，也是你人生腾飞的最佳时节。调整自己的心情，学会走出人生的低谷，也许摆在你面前的，就是一片湛蓝的天！

三井公司和三菱集团是日本名列前茅而又竞争十分激烈的两大财团。在一次国际竞争中，三菱凭借着自己的“餐馆生产方式”使三井公司遭受到了毁灭性的打击，将竞争失败的三井公司推入了十分艰难的处境，产品全部积压，资金不能周转，要想扩大再生产几乎是不可能。

这对于三井人来说简直是生命的谷底，天似乎就要塌下来了。但三井公司还有一项革新为外人所不知，在三井公司讨论解救危机对策的高级会议上，不少人主张要以新技术的转让来和三菱集团做最后的较量，并把现有产品以低于三菱集团的价格贱卖，以筹得一部分资金，获得喘息的机会。但是三井董事长益田寿没有采纳大家的这种意见，而是选择了坚持，选择了挺住，因为他相信，最终的辉煌最终是属于自己的。

当时的三菱集团因为竞争得胜，认为能和自己竞争的财团已经不复存在，开始变得不可一世，狂傲不已。在这个时候，三井公司董事长益田寿宣布三井公司停业，大量裁减人员，只留下了原来的1/10，同时还故意告知新闻界：三井公司将要改变经营方向，甚至还透露一些消息说三菱集团将成为这个行业的龙头老大。

三菱集团不知是计，误以为三井公司已经垮台，自己已经在竞争中获得了全胜，从而放心地以独家垄断经营为基础，大大提高产品的价格。然而就在三菱集团得意忘形之际。三井公司新产品投产试验成功。大批新产品铺天盖地一般地压来，迅速成为市场上的抢手货，而且价格还略低于三菱集团的产品价格，几乎是在一周之内，三菱集团产品全部滞销，只好承认在这项产品竞争中失败。

三井公司在总结自己公司东山再起、反败为胜的经验时，上下一致普遍认为：这次反败为胜的成功不仅仅是董事长益田寿运用了攻其无备、麻痹对手的决策，更是整个三井公司的人挺住了低谷的黑暗，坚信总有一天成功的辉煌是属于自己的。

在经济竞争中，能够像三井公司董事长益田寿那样挺住生命之低谷黑暗的人并不是很多，但是这一点对于任何一个人来说都非常重要。那么，在生命低谷到来之时，我们该如何才能做到这一点呢？

1、把任何事情都想开一点。

任何事情都想开点，因为无论你做什么都是为了生活：快乐是一天，不快乐也是一天。又何苦选择不快乐呢？事业已经进入了谷底，那么难道你还想把你的心情也一起丢人谷底吗？

2、做出积极的改变。

有句话说得好，改变就是最好的出路。在对付低潮情绪的良方中，改变是最为久经考验的一种了。如果用一样东西来形容低潮期的特点到底是什么，那无疑是心灵的麻痹、疑心重重，甚至觉得自己不可能再有任何进展了，一辈子或许就会在默默无闻中度过了。这种消极的情绪会让人彻底放弃努力。在这个时候，最重要的一点就是让自己行动起来，做出积极的改变，即便是出去和朋友聊聊天都是一个积极的改变。

3、善待自己。

尽量不要做出伤害自我的事情。最基本的原则是：不要陷入消极情绪而难以自拔。如果在工作中有什么问题，就打电话给自己的爱人、朋友或老师说说情况。此外，对未来进行积极的幻想也是克制消极影响的一个好办法。

4、懂得坚持、忍耐。

显而易见，解决低潮期的方法在一个地方有效，不一定在其他方面也管用。如果真有包治百病的灵丹妙药，那么低潮期现在早就被根治了。关键是：你忍一段时候，也许就会时来运转。

5、放慢奋斗的脚步。

遇到低谷期，你就得努力克服，而且还得一路走过来。在一路走来的时候，我们经常会这样问自己：低谷期是否含有某些发人深省的东西？低谷期实际上意味着什么？它传达了什么样的信息，我们要尽量去理解和尝试呢？而这些问题的答案就是一个：把脚步放慢点！

品悟人生

说得明确一点，低谷时期是每个人人生中都会遇到的，正是有了低谷，所以才有了巅峰。遭遇低谷是为了能攀登下一个高峰，关键是要挺住低谷的黑暗，那么高峰的辉煌才是属于你的。

不景气，就要精打细算过日子

富人之所以富有，很大程度上是因为脚踏两只“船”——一只船是“勤”，另一只船是“俭”。在某种程度上，“俭”更为重要。

节约，是世上所有财富的真正起始点。世界上没有其他品质能像诚实节俭那样可能使一个穷人发财。

大仲马曾精辟地论述道：“节约是穷人的财富，富人的智慧。”

但节俭决非一时心血来潮的行为，它是习惯和明智的结果，也是理性和深谋远虑的结果。节俭不是为了存钱而存钱，而是努力做到物尽其用。你要想变得节俭，最好的方法是认识到节俭的价值，认识到深谋远虑的价值。多挣少花，合理分配收支，不轻易举债。富人们一般都有节俭的习惯。节俭是一个生活细节，但它却能反映出一个人的品质。

一次，到北京出差住在酒店，刘永行夫妇来到一楼餐厅准备吃早餐。一看价目表上写着每位 88 元，他们退了出来，最后在街上买了几个 4 角钱一只的油饼。

刘永行讲过一个这样的小故事：有一次临时决定去北京，司机把他送到机场。买票时，售票员看了半天问，你是不是希望集团的刘永行。他点头说是。这个时候，她又问，买头等舱吧？他说，普通舱。当时，小姐就嘀咕开了，普通舱，普普通通，哪有什么传奇色彩？

讲完，刘永行哈哈大笑："其实，我是一个非常普通的人，我愿意过一种普通人的生活。"

被《福布斯》杂志评为 2001 年度中国大陆富豪排行榜中国首富的希望集团的刘永行财产数亿元。外界想象，他应该过着一种奢华的生活。但在他身上，看不到一点奢华的影子。他甚至烟酒不沾，喝水也主要是白开水。

有位年轻人在宾夕法尼亚的一家印刷厂工作，他想开个小印刷厂以自行创业。他去见了一家印刷材料供应站的老板，表明了他的意愿，并表示希望对方能以贷款的方式卖给他一部印刷机及一些小型的印刷设备。

这位老板的第一个问题就是："你自己是否有些存款呢？你是怎样拥有这些存款的？"

这位年轻人确实存了一些钱。他每个星期固定地从他那仅 30 美元的周薪里拿出 15 美元存入银行，而且，这个节俭储蓄的好习惯已经保持了近 4 年。

因此，年轻人获得了他所需要的贷款，购买了机器设备。后来，对方又允许他以这种方式购买更多的设备。不久以后，他拥有了宾夕法尼亚洲规模最大、最为成功的一家印刷厂。他的名字就是本杰明·富兰克林。

可见，机会无处不在。但富兰克林的成功同时也表明，机会只会提供给那些手中有余钱或是已养成节俭储蓄习惯的人，懂得运用金钱的人，因为他们在养成节俭习惯的同时，还培养了其他一些良好的品德。节俭是一个人一生中用不完的美德，它往往是衡量一个人智慧高低的尺度。而能否做到节俭，在很大程度上与你是否合理支配金钱有关。

王永庆的节俭，已经到了成为传奇故事的程度。比方说喝咖啡，王永庆就与众不同。他先把奶粉打开，将奶粉倒入咖啡杯，再用小汤匙舀一点咖啡放入奶粉盒中，轻轻地涮一涮，将奶粉余汁倒回杯中。至于糖包，他先撕一角，倒一半的糖在杯中，另一半不是空放着，而是传给隔邻，顺便交代他不必开新的糖包了。

假如王永庆要请客吃饭，他不会在外面餐厅请，而会在台塑后栋顶楼的招待所内，因为这样比较省钱。吃的方式采用中菜西吃，客人将盘子端出来，由侍者给客人分菜，吃完不够可以再加，但绝对不可以有剩菜。吃不完的必须打包带回去，发生这种情形的客人都会觉得很不好意思。

在穿的方面，王永庆也不在乎名牌，可以穿即可。王永庆因为连续晨跑，以致腰围缩小了，平常的西装显得太宽太松。王夫人就请裁缝到家里为他量尺寸。裁缝以为他要做几套新西装。谁料王永庆从衣柜里拿出五套旧西装，要师傅把腰身改小就行了。他说："旧西装只是松了一点，料子还好好的嘛！何必浪费钱呢？"

王永庆家里用的肥皂，如果用到一小片时，不会丢掉，而是把这一小片黏在大块的新肥皂上，继续使用。

工人工作时戴的手套，如果掌心磨破了，他要工人把手套翻过来，换戴在另一只手中，洞就到了手背，又可以继续使用。

每天早上，王永庆都要练习毛巾操，这条毛巾居然用了20多年，已经起了须须了。

早年王永庆搭飞机出岛，一律坐经济舱。有一次飞机上的空中小姐发现了他，认为这位赫赫有名的富翁怎可屈就于经济舱呢？一番拉扯之下，非要请他坐到头等舱不可，弄得他内心很不安。以后的日子里，他为了不再引起服务人员的困扰，才勉为其难地改坐头等舱。在头等舱内，他安排自己睡眠，以便下机马上开始工作不必再休息了。

台塑企业的员工出差时，一律住在各厂区营业处的招待所，一切吃住皆在所内解决，既可以省钱，又可就近处理公事。

王永庆在美国新泽西州有一幢高级住宅，宅内有网球场、乒乓球桌、游泳池等设施，十足大户的派头。每当员工出差到美国当地时，王永庆即指定在该处安歇，无形中又省下了一笔住宿费。

王永庆曾经多次教导属下杜绝奢靡之风，但后来发现改善不大。为此，他对管理层提出了严厉的批评："我认为经营管理阶层，特别是当老板的，对此仍一无感觉也谈不上反省。到了今天，此一错误的观念不但无任何改善，更恐因为有了一些小小的成就而导致放松，问题不但仍然存在，恐怕更加严重。但愿我以上所说的是错误，与事实不符，那就很万幸，否则若不探求成就的条件背景，有了些许成就便放松，一放松什么都忘了，再也谈不上实事求是的精神。"

王永庆说："从事企业先要有节俭的精神，这便是根。经营管理讲究成本，不节俭，物料就会浪费，当主管的要有这种认识，才会提高警觉，避免人、事、物的不合理。不合理的现象就是浪费。"

基于此种观念，王永庆不仅自己力行节俭，还常常教育后生晚辈务必养成节俭习惯，认识节俭的重要性。

如果说精打细算不过是王永庆作为一名商人的本色，而他始终保持着节俭朴实的作风就不能不为人钦佩了。

他常告诫员工要艰苦奋斗，有朝一日有成就时，千万不可忘记那份苦楚，要在心里更加谦卑，在行事上更加忠厚，时时念着困苦的过去，提醒自己不能忘本。

懂得节俭的人才能成大事，成了大事的人才知节俭更能获得进一步的成功。如果你没有钱，而且尚未养成节俭的习惯，那么，你永远无法使自己获得任何赚钱的机会。这看来可能是个悲哀而残酷的事实，但却是一个不折不扣的"事实"。

品悟人生

从现在开始，赶快制定一个积蓄金钱的计划，恰如其分地规划你的支出，以最优的方式来控制你的金钱。一旦制定，严格执行。这样，你才会日渐成为一个有着良好节俭品德的人，才会踏上富有的起点。

第八章

别把蛮干当苦干，苦干还要加巧干

有些人认为，苦干就是做事从不考虑方法和后果，单刀直入、横冲直撞……他们身上除了敢做的勇气之外，再没有哪一点可以值得称道。其实，这并不叫苦干，而是在蛮干。所以提示一下，想成功，除了苦干，也要懂得巧干。

有头脑，才会有希望

经营大师巴菲特曾说过这样的话：“榨出我一克脑汁，再加上16000元，我就可以创造出1000万的价值。”成功始于智，成于智。对于那些希望成功的人来说，聪明的头脑比千万的资金更加重要。

有智者，事竟成，闯得好的永远是有头脑的。无智或是不肯动脑筋的人，成功与他就是永远也不可能相交的两条平行线。一个人如果没有技能，他可以拜师学艺；没有知识，他可以求学问道；没有金钱，他可以筹借贷款，但没有头脑，他就没有闯世的资本。

刘永行，1948年生于四川新津。其父母是早年参加革命的知识分子，他于1977年考入成都师专数学系，1980年毕业后回新津县电教室当教师。从此，他和自己的三个兄弟一样捧起了当时令人羡慕的“铁饭碗”。

1982年8月，刘永行和兄弟们在自家的泥砖墙茅草顶的小院里，举行了决定自己命运的方案会议。三天三夜后，他们做出了一锤定音的决定，辞职回乡当专业户！手拿1000元钱，开始了四兄弟的创业历程。

1987年，刘永行兄弟兴建了西南最具规模的“希望饲料研究所”，并开发出了“希望1号乳猪饲料”。从此，他和兄弟们由专业户变成了私营企业家。1992年，在中国首届农业博览会上，刘永行兄弟的“希望”牌1号乳猪饲料获金奖；同年刘永行出任四川希望集团的董事长，从此，这位当家人，正式走在了“希望”的田野上。

1993年，在刘永行的带领下，“希望”打进上海滩，在嘉定成立了希望集团的分公司。

1997年，刘家四兄弟分家后，刘永行由“东方希望”起步，致力开拓，形成了“永行企业”。1999年4月，“希望”集团董事长刘永行在上海浦东又建立了集动物饲料、食品、生物制品等科研和生产于一体的全国性大型民营企业——“永行”企业，下辖“东方希望”集团、“强大”集团、“永行”企业三大集团，共62家公司，工厂遍及华北、华东、东北、中原、西南等地区。

2000年8月，刘永行以10亿美元的资产总额荣登《福布斯》评比的中国50首富排行榜第2名。

每个成功者的背后都有许多条交错往复的路，能不能让自己闯入成功之途，关键在于自己有没有那个头脑。

享誉世界的经营奇才艾柯逊以善于经营而闻名。他是一个非常有头脑的商人，尤其是他于1921年的波兰之行，使他从此闯入了光辉的人生之路。

有一天，艾柯逊在奥地利街头闲逛，忽然想要写点东西，于是信步走进一家文具商店准备买一枝钢笔，但是一问价格，却令他大吃一惊，在美国同样只要3英镑的一支钢笔，在这里却被卖到了26英镑，之所以这么昂贵，是因为这些钢笔都是由德国进口的，而且数量有限。

若有所思的艾柯逊为自己的意外发现而惊喜，很快，他就对奥地利的市场进行了一番详细、周密的调查，结果更是令他兴奋不已。导致钢笔价格昂贵的根本原因是在当时全奥地利只有一家钢笔生产厂，由于战争的影响，生产能力有限，货源奇缺，物以稀为贵，钢笔价格自然居高不下。

艾柯逊当即决定，在奥地利投资办钢笔厂。他直接来到当时的维也纳政府，诚恳地游说：“政府已经制定了政策，要求每个公民都得学会读书和写字，没有钢笔怎么能行？我想获得生产钢笔的执照。”他的要求很快得到批复。

艾柯逊立即开始筹划，焦急的他马上来到德国历史最悠久的钢笔名城，那里集中了许多著名的钢笔生产厂家，他们掌握着制作钢笔的秘密技术。艾柯逊花重金买通了一家工厂的一位技术骨干，还包括许诺新厂里的实际工作均由这位技术骨干主持。这位技术骨干又以到瑞典度假为名，召集了一批技术工人，悄悄来到奥地利。

各方面业务进展是如此顺利，连艾柯逊本人都不敢相信。早在他办厂之初，波方专家就预测，他最起码要用 11 个月的时间采建厂，次年才有可能正式投产，而且年产量最多不会超过 100 万支。但事实证明：这种预测对于艾柯逊而言是毫无道理的。因为他的工厂仅用 3 个月的时间就建成了，而且在投产后的 8 个月，数量就达到了 1 亿支。创造的利润在当年就达到了 100 万英镑。到了 1926 年，这个工厂生产的钢笔不仅满足了奥地利的市场，而且先后出口到美国、中国、土耳其等十余个国家。

正是依靠小小的钢笔，依靠敏锐的思维和高效率的行动，在奥地利的土地上，艾柯逊赚取了上百万英镑，从此，他在世界商界声名鹊起。

“成功钟爱那些有头脑的人。”一位大师这样说。艾柯逊正是凭借他敏锐的头脑，才闯进了一条与众不同的路，在世界商界创造了一个又一个的奇迹。

品悟人生

头脑就是希望，头脑就是动力。用智慧的头脑鞭策出的力量，可以在人生的道路上发现成功的秘密。

遇事不慌，冷静自若

做人也好，办事也罢，难免会遇到一些棘手的情况，怎么办？在这个时候你千万不要慌乱不堪，不知所措。如果此时你能够表现出冷静自若，临危不乱，你就会正确处理好这些出乎预料的情况，取得的效果也会比别人好得多。

三国时期的卫瓘就能够在危急时刻依然保持从容镇定，进行周密考虑，结果不但保全了自己，而且最终还剿灭了意欲反叛朝廷的钟会。三国末年，魏国派钟会、邓艾为主将，卫瓘为监军兴兵伐蜀，大获全胜。钟会和邓艾因此立下大功，但是两个人互相猜忌，都认为对方有抢功之嫌。最后，钟会向曹魏朝廷告发邓艾有占据蜀中自立为王的野心。钟会的谋臣也劝他趁这个机会，搬倒邓艾，杀掉卫瓘，就可以安心地独占蜀中，成就一番乱世英雄的霸业。早就看邓艾很不顺眼的钟会，不禁心中蠢蠢欲动，开始紧锣密鼓地筹备反叛。其实，朝廷对钟会的反叛意图已经有所察觉，并且密令卫瓘对其进行监视。钟会盘算他如果向朝廷揭发，朝廷势必会暗中命令监军卫瓘进行调查。只要卫瓘杀了邓艾，他就可以再给卫瓘罗织罪名，直接除掉这个强大的对手。于是钟会就跑来见卫瓘。他旁敲侧击地告诉卫瓘，邓艾谋反早是事实，如果他卫瓘一味偏袒，就是对司马大将军的不忠，理应和反贼同罪。这时，刚才还对朝廷密令用意十分疑惑的卫瓘立即明白了这一切只是钟会设下的局。

对眼前局势心知肚明的卫瓘，虽然知道这时擒杀邓艾只会于己不利。但是，如果立时拒绝钟会的要求，肯定会遭毒手。倒不如先答应下来，以保全性命向司马大将军告发钟会的种种劣行。于是，卫瓘就假装对钟会唯唯诺诺，表示会服从朝廷的命令，还和钟会约定第二天一早就捉拿邓艾父子，希望钟会出兵协助。第二天凌晨，卫瓘以司马大将军手谕号令全军，说邓艾谋反，凡悬崖勒马站在官军一边的，就可以加官晋爵，要是执迷不悟仍要和邓艾为伍的，就与邓艾同罪，诛三族。这样，邓艾的将士都纷纷离开邓艾的军营，与卫瓘合兵一处。而邓艾父子还在睡梦中就稀里糊涂地被抓了起来。钟会见邓艾父子已经被囚禁起来，就紧接着将他不信任的将领也全部关押起来，把兵权集中在自己手里。然后，他利刃相加，威逼卫瓘下手杀了邓艾父子和那些不听话的将领。卫瓘一面假意应承，借口这几天为邓艾的事情操劳过度，身体很差，实在需要休养几天，等他身体稍好立即着手办理，一面想办法通知那些尚有实权的将军们钟会即将造反的实情。但是，钟会对卫瓘监视严密，他根本没机会通知那些将军。为了放松钟会的警惕，卫瓘大喝盐水，吐得昏天黑地，他本来身体就虚弱，这样一来，更是精神涣散就像突发大病一样。钟会虽然疑心卫瓘只是在拖延时间，可是他派去的亲信和医生都认为卫瓘的确是身体不适，没发现丝毫的破绽。钟会终于相信卫瓘真的是病了，于是就不是那么顾忌卫瓘，更加肆无忌惮起来了。

卫瓘一见时机成熟，就赶紧联络诸军，告知全军钟会谋反的消息，要求各军将领于次日清晨发兵围攻钟会。就这样，钟会还在为自己即将成为蜀中之王沾沾自喜的时候，就被卫瓘带兵剿灭了。

我们可能遇到许多无法预测的事情发生，当这些事情出现在我们的面前的时候，就是对我们的考验。卫瓘在遇到突发事件的时候，没有惊慌，而是很快冷静下来，思考对策，从而找到了解决问题的办法，化解了灾难。因此，当我们遇到类似的事情发生时，也应该沉着冷静，稳定情绪，保持一个清醒的头脑。

品悟人生

阵脚出现慌乱都是自己造成的，这样的话，不仅不容易解决问题，反而会造成不必要的损失。

事事提前谋划好，做到难处不慌张

俗话说："平时不烧香，急来抱佛脚。"是说平时不烧香拜佛，到了紧急危难的时候才想到要求佛祖保佑。其实，这是许多人都犯的错误。在平时，我们没有认真学习，努力工作，当机遇来临之际，由于自己的准备不充分，就让机会在自己的手心一划而过，只留下无尽的遗憾。所以，在社会上，平时要做到未雨绸缪，事事提前谋划好。

康熙智除鳌拜的历史事件很多人都知道，对于年幼的康熙能有如此胆识也都是钦慕不已。在这场幼帝与权臣的较量中，康熙之所以能取得最终的胜利，关键一点就是在事先他已经做好了充分的准备。

康熙帝继位时年仅 8 岁，按照顺治帝遗诏，由四个满族大臣帮助他处理国事。四辅臣中，鳌拜功高震主，专横跋扈。他欺皇帝年幼，经常在康熙面前呵责朝臣，甚至大吼大叫地与幼帝争论不休，直到皇帝对他让步为止。公元 1667 年，康熙已经 14 岁了，按照祖制，他可以亲政了。苏克萨哈在康熙亲政的第六天，上书请求隐退。苏克萨哈上书的目的，一则表明鳌拜专横，自己不得不退；二则试图以自己的隐退迫使鳌拜、遏必隆也相应辞职，交权归政。鳌拜自然明白苏克萨哈的用意，他和同党一起，编造苏克萨哈"背负先帝""藐视幼主"等大罪 24 款，将其逮捕入狱，要处以极刑并诛灭全族。康熙得到奏报，坚持不允所请。鳌拜怎肯善罢甘休，他挥动拳头对皇帝无理，连续上奏好几天。康熙和他的祖母孝庄文皇后怕鳌拜因为这件事狗急跳墙，造成国家动乱，最后只能妥协，不仅将之绞刑，其他的一切处置措施，都照批了。

冤杀苏克萨哈后，鳌拜的气焰更加嚣张。朝廷大臣虽更加不满，但慑于他的淫威，人人以求自保，没有人敢于碰硬。

康熙皇帝年少有志，岂肯看到大权旁落，江山毁在自己的手里。他在祖母的指导下，开始了计除鳌拜的各种准备。

康熙先是采用“欲擒故纵”的麻痹战术。故意给鳌拜父子戴高帽，使他们位极人臣，树大招风，更加孤立，分别加封他们父子“一等公”“二等公”的爵位，“太师”“少师”的封号，使他们树大招风，更加孤立。

有一次，鳌拜称病在家，康熙便前去探视。御前侍卫和托发现鳌拜神色反常，便迅速走到鳌拜床前，揭开席子发现一把匕首。鳌拜惊慌失措，康熙却“毫不在意”地说：“刀不离身是满人的故俗，不足为怪！”当场稳住了鳌拜。但康熙心中更加明白，除掉这个恶魔，绝不可掉以轻心。

当时，皇宫的戍卫都被鳌拜控制了。于是，康熙特选一批忠实可靠的少年入宫，以摔跤为名，另外组成一只可靠的卫队——善扑营。这些少年都是贵族子弟，每天和少年皇帝在一起摔跤，武功越来越好，本领越来越大。鳌拜入宫，经常看到他们，以为是些小孩子把戏，久而久之，也就不以为然了。

有一次，康熙皇帝知道鳌拜要进宫奏事，便把善扑营的少年卫士集合起来，对他们说：“鳌拜作为先皇托付给我的辅臣，不以国事为重，处处安插亲信排斥异己，滥杀大臣，甚至胆敢加害于我。你们都是清楚的，为了祖宗社稷，必除此大患。”他见小侍卫们群情激扬，又说：“你们虽然年纪轻轻，可都是我的左膀右臂，我要靠你们除掉这个老家伙。但他武将出身，你们是怕他呢，还是听我的？”侍卫们一个个摩拳擦掌，齐声高呼：“独畏皇上！”

康熙八年五月十六日，鳌拜像往常一样大摇大摆跨进内宫的门槛，行至康熙近前，还没站稳脚，小侍卫看到皇帝发出的暗号，一哄而上，拳打脚踢，连拉带拽，将他打翻在地。鳌拜什么阵势都见过，却没见过这种对付他的场面，起初还以为是这群小孩子跟他闹着玩呢。他见到小皇帝那冷峻的面孔，和“给我拿下”的威严指命，才明白过来，然而，已经晚了，他终于被擒拿归案了。

康熙皇帝命康亲王支持审议，议定鳌拜“欺君罔上”等罪行30款。他虽罪不容诛，死有余辜，但康熙念其效力年久，军功显著，遂免其一死，他的死党却一网打尽。一个年少皇帝，能以迅雷不及掩耳之势，不动一刀一枪，智除大权奸，朝野称赞。从此，他逐步地将中央的地方政权集中到自己手中，得心应手地治理国家。

一个人要做出一番事业，必须事先进行规划，做好打算。俗话说："不打无准备之仗。"如果能在事前做足准备工作，做到心中有数，对各种情况的出现进行分析，事情成功的机会就很大了。

品悟人生

如果在事前不做准备工作，对出现的各种情况没有进行分析，当情况出现时，会使我们惊慌失措，手脚慌乱，事情的失败就不可避免了。

能力不足不蛮干，可以借势成事

善于借势是很多人喜欢采用的方法之一，其绝佳效果在于借力发挥，占得主动；也就是说，它的直接效果是：花最小的力气，取得最大的收获。

20世纪70年代，石油危机的乌云影响了全世界经济的发展，正在这时，美国西部却传来了一个让所有石油公司都为之振奋的消息：在德克萨斯州发现了一块储量丰富的油田！

接着，更让一些石油大亨们激动的消息传来：联邦政府将拍卖这块油田的开采权。

各石油公司闻风而动，纷纷筹措资金，准备在拍卖会上一争高低，因为这是明摆着的事：谁竞得了油田的开采权，谁就是找着了金矿，在此后的几十年里能获得源源不断的丰厚利润。

谟克石油公司老板道格拉斯也对这块"肥肉"垂涎欲滴，可是仅凭自己上百万元的资产，又怎么能竞争过拥有千万乃至上亿资本的石油大亨们呢？但眼睁睁地看着这块"肥肉"被别人夺走，道格拉斯又着实不甘心。

思谋良久，道格拉斯忽然有了主意，他想到：自己是美国花旗银行的老客户，所有的资金都存在该银行，能不能请银行总裁琼斯出面，替自己去参与竞拍呢？

琼斯是美国无人不知、无人不晓的银行大王，他要是出面，那些石油大亨们在拍卖会上想必会有所顾忌。想到这儿，道格拉斯兴奋不已，马上与琼斯通了电话，请求他的帮助。琼斯满口答应，很明显，道格拉斯挣的钱越多，他在银行的存款就越多，对花旗银行来说，有百利而无一害。更何况对琼斯来说，这不过是举手之劳。

“那么，你打算出多少钱呢？”琼斯问。

“最高不能超过 100 万元，你知道，我拿不出更多的钱了，这是我全部的家当。”

道格拉斯在电话里说：“好吧，我会去的，成不成就要看天意了，道格拉斯先生。”

听口气，琼斯好像满有把握。

一个星期后，拍卖会在德克萨斯州一家很有名的拍卖行举行。

参与竞拍的共有 11 家石油公司，除道格拉斯代表的谟克公司是唯一的一家小公司外，其他的全部是财力雄厚的大企业。

拍卖会快开始时，琼斯姗姗而来。他的到来顿时在会场引起了轩然大波：怎么回事？银行大王也要买油田？所有的竞标企业都慌了手脚，因为如果琼斯想买油田的话，恐怕没有人有能力与他竞争。

道格拉斯看到了这一幕，心里乐滋滋的，他坐在一个角落里，悠闲自在，作壁上观。拍卖会开始了，经纪人报出底价：50 万元，每个拍卖档价格为 5 万元。也就是说，谁要是想报价，只需举一下牌子，价格就在原来的基础上加上 5 万元。

经纪人刚报出底价，琼斯就举起了牌子，大声喊道：“我出一百万！”真是语惊四座，所有拍卖企业的代表都呆住了，谁还敢再叫价呢？

“100 万，7 号报价 100 万，还有没有报价的？”经纪人连喊三遍，会场里却鸦雀无声。

最后，经纪人落槌宣布：拍卖会结束，油田开采权被 7 号谟克公司获得。整个拍卖会从起拍到结束只用了5分钟，结果，资金最少的企业——谟克石油公司获得了油田的开采权。这次拍卖会呢，也成了有史以来时间最短的拍卖会。

这是个非常典型的借用别人的优势达到自己目的的例子，谟克石油公司没有多少钱，但是他能把银行家搬来，吓跑了所有竞争者，道格拉斯的借势计谋实在高明。

山外有山，人外有人。自然，借用别人的智慧，助己成功，是必不可少的成事之道。闯在在社会中，借势是一种高智慧的谋略。

品悟人生

借助势力，可以以少胜多，以弱胜强，以小搏大；借助势力解决自身的危机，是一种获得优势或转危为安、转弱为强的策略。

此路不通，那就换另外一条

人不能改变环境，但可以改变思路；人不能改变别人，但可以改变自己；多一个思路，多一个出路；思路决定出路，观念决定前途。活在当下，生活工作没有思路不行，组织管理没有思路不行，企业经营没有思路不行……在逆境和困境中，有思路就有出路；在顺境和坦途中，有思路才有更大的发展。

如果在新加坡，你问零售业的第一家是谁？人们会毫不犹豫地回答：是唐家。现今唐家是新加坡最大的百货商店的主人，零售全球百货，独霸新加坡。唐氏商场的创始人唐仲庚当年从中国的汕头来到新加坡闯南洋，只身携带一只塞满中国刺绣品的铁皮箱。正是凭这只小小的铁皮箱，开始了唐氏的创业历程。

唐仲庚有着智慧的大脑，非凡的洞察力，但更重要的是他有着自己独特的做人思路。他放弃了那些常人眼中的机遇，却在别人一无所知的地方闯出了一条属于自己的路，一跃而成为大亨。

1958年，唐仲庚由于事业的需要，开始筹建一幢售货大楼。在新加坡纵深内陆的偏僻之地——乌节路买下一块地皮，准备盖楼。在当时，唐仲庚此举被认为是一个疯子，因为那时新加坡的商业活动主要集中在滨海地区，人们投资商业也是在那里，所以对于他在乌节路盖售货大楼都深为惋惜，认为是把钱扔到了坟墓之中，不会起任何作用。而且还有一些会看风水的人，更是对乌节路这块地皮看不顺眼，因为这块地皮的位置面朝一个墓地，按照中国的风水之说是个不祥之兆。面对着这些嘲笑、讽刺，唐仲庚并未改变初衷，而是下定了决心，在乌节路大干一场。其实唐仲庚并非痴人，他之所以下定决心选定乌节路这块地皮盖售货大楼，是经过仔细研究的。他清楚自己的英国主顾们每天上班都得经过这条道。这样，无形之中，就把主顾们的购物袋拉向了自己的售货大楼。

由于位置偏僻，风水不佳，唐仲庚仅仅以50新加坡元一平方英尺的价钱就买下了这块土地，排除了一切困难，盖起了他的第一座百货大楼。

情形正如唐仲庚所预料的那样，那些英国主顾们利用上下班的时间，路过唐氏百货大楼时，就自然而然地进去购买自己所需物品。唐氏的资本因此大大增长。

另外，时间不长，由于这个地区得天独厚的条件，就成为了新加坡商业区的心脏地段，地价成倍地向上涨，原先只是50新加坡元一平方英尺，现在涨到了6000新加坡元一平方英尺。唐仲庚获得了极大的成功。

随着唐氏商场的发展，也随着新加坡经济的大踏步前进，唐仲庚决定重新建造唐氏商场，也就是现在这幢横跨乌节路和史名士路交叉路口的大楼。

这又引起了巨大的波澜，大部分人不理解，认为唐仲庚是在胡闹。还有迷信风水的那部分人窃笑不已，认为唐仲庚这回肯定栽了，因为他们注意到大楼面向路上的行人车辆，这意味着钱财会滚滚外流。

又是一场新的挑战，不过清醒的唐仲庚始终坚信自己的选择。他不迷信风水，只信奉做人经商之道。他大刀阔斧，尽快做出了调整，然后正式做出重建唐氏商场的决定。他又一次获得了巨大的成功。当后来有人问他当初怎么想时，他解释说：“史名士路通往去柔佛的各条路，而乌节路通往市区。”

和唐仲庚相比，希腊的航运巨头奥纳西斯则是放弃了他已蒸蒸日上的烟草业务，去寻找另一条人生道路，才成为举足轻重的商界大腕。

1922年，以难民身份进入希腊国土的奥纳西斯身无半文。工作找不到，栖身之处也没有着落，真是度日艰难。趁着在一条旧货船上打工的时机，当船停泊在阿根廷首都港口的时候，奥纳西斯偷渡逃跑了，从此开始了他艰难的创业生涯。

在阿根廷，奥纳西斯在一家电话公司当了名焊工，他每天工作16个小时以上，还经常通宵达旦地加班。在穷困中泡大的他舍不得多花一分钱，天长日久便积累了一笔资金。

随后，他开始从事烟草生意并获利甚丰，当人们都以为他要在这一领域做一番事业时，奥纳西斯却有另一番想法。

当他稍稍站稳脚跟欲再度发展时，震撼世界的经济危机袭来了。在充满恐慌的灾难之中，奥纳西斯以他过人的勇气和眼光，把他的财力投之于在危机中被普遍认为最不景气的行当：海上运输。

当时的世界背景是：贸易瘫痪，海运濒临死亡。1931年的海运量仅是1928年的1/3左右。

当加拿大国营铁路公司被迫出售时，奥纳西斯了解到该处有6艘货船出售，这些船在10年前的价钱是每艘200万美元，而现在只卖2万美元。奥纳西斯急匆匆赶到加拿大，买下了这6艘船。这种孤注一掷的投资令人惊异，而他却深信这么干值得，一旦时势变化，投资会赚回来，利润会滚滚而来。

不久，二战爆发了，战争形势要求运输业复苏并尽快发展。一项明智而果断的投资见效了。6艘货船顿时成为活动的金矿，奥纳西斯骤然变成一个拥有“制海权”的希腊航运巨头。别人不干的，他干了；别人赚不到的钱，他赚了，而且赚了个够，奥纳西斯除了有钱有势，还向多方位发展，成为世界上举足轻重的人物。

不久二次大战后，当别人又对海运忧心忡忡，举棋不定时，奥纳西斯又以他的明智和魅力投资于油轮，其速度十分惊人：二战前，他的油轮总吨位是1万吨，而到1975年时，他已拥有45艘油轮，其中15艘是20万吨以上的超级油轮！

这个当年的穷小子，日薪23美分的奥纳西斯成了世界上最大的豪富之一。除了上面那些轮船、油轮，他还拥有8家造船厂、100多家公司、航空公司以及众多地产、矿山，财产的总额数达十亿美元之巨。

真正能闯出大事业的人不仅需要勇气，更重要的是需要一种与众不同的思路，他们善于想人所未想，做人所未做，他们走的是在人们的眼力之外另外看到的一条道路。

品悟人生

苦干的同时，还要有着智慧的大脑，非凡的洞察力，但更重要的要有着自己独特的做人思路。苦干者往往在别人一无所知的地方闯出了一条属于自己的路。

敢于踏入别人未涉足的领域

如何才能踏入别人未被发现的领域，这就要求我们去想一些别人所不敢想，做别人没有做过的事情。一些反思和逆向思路则会让你有这种发现。

哥伦布自很小的时候，就认为地球是一个球体，为此他在做着自己的努力去证明这一点。而那时的人认为，人类绝对不可能从西方到达富庶的东方，如果从西班牙向西航行的话，不出500海里，就会掉进无尽的深渊。哥伦布当然不相信这个观点。

1485年，他到葡萄牙国王那里去游说："其实我们从此向西走，走到一定的距离后，也能到达东方，如果你们肯拿出钱来支持我的话，这一定是事实。"葡萄牙国王没有答应他，认为他是一个骗子。于是哥伦布又到西班牙国王那里游说，西班牙国王也没有答应他。哥伦布并没有因此而灰心，尽管后来也接二连三的碰壁后，奔波的同时也花掉了他的积蓄。他只好向朋友伸手，但很多朋友把他当做疯子，不阻止、不支持、更不相信他。

最后，哥伦布终于等到了一个机会，西班牙皇后经过哥伦布的一个朋友劝说，答应支持哥伦布去冒险，万一哥伦布这个计划失败，她也就是损失一点小钱。

哥伦布以坚定的毅力和沉着，感染着跟随他的水手们，大家齐心协力地与风浪搏斗，没有多久就迎来了曙光，他们在美洲大陆插上了西班牙的国旗。

有的人认为，生命应该是多姿多彩的，我们每个人都应该有各自不同的生活。一个真正有创造力的人不会重复别人的生活模式，即使看起来是多么富足的生活，我们的人生应该充满着自己的追求，每个人应该以一个开拓者的身份义无反顾地挑战自己的未来。

生活中，有很多人从没有自己的立场，别人怎么说，他们也就跟着人家屁股后面怎么说，当不同的人说着不同立场的话的时候，他们就分不清、辩不明了，他们会在不同立场观点之间游移不定。而一旦遇着利益，他们争先恐后，比谁跑得都快。他们的人生也只能是平庸低俗的人生。

因此，如果你想踏入别人未涉足的领域，就应该独辟蹊径，去走那些别人没有走过的路，你肯定会看到别人未曾见到过的美景。

很多的啤酒商都认为，要打开比利时首都布鲁塞尔的啤酒市场很困难。开始的"哈罗"啤酒厂也是如此。

当时的“哈罗”啤酒厂的市场份额在逐步地减少，而啤酒厂没有钱在电视或报纸上做广告。尽管销售员林达多次建议厂长做些广告，但都被厂长拒绝了。林达决定冒险去做这个事情，于是他贷款承包了啤酒厂的销售工作。但如何去做广告成了林达的心病。当他徘徊到布鲁塞尔市中心的于连广场时，看到广场中心那个撇尿的男孩用自己的尿浇灭了敌人炸城的导火线而挽救了这个城市的小英雄于连时，林达突然有了主意，决定自己要做一件别人未做过的事情。

翌日，在广场上的人们发现于连雕像的尿由水变成了金黄剔透、泡沫泛起的“哈罗”啤酒。旁边还立着一块写着：“哈罗啤酒免费品尝”的广告牌。如此新意，很快传遍全市，市区四面八方的老百姓都聚集于此，他们拿着自己的瓶瓶罐罐来接啤酒喝。媒体也争着报道这一奇观。

那一年，该厂的啤酒销量一下了增长了近20倍。这个叫林达的小伙子轰动了整个欧洲，成了闻名布鲁塞尔的销售专家。

林达的成功在于他那独特的广告创意。做了一件别人没有做过的事情。

别人没有走过的路未必就充满着艰难险阻，你走了说不定会有意想不到的收获。如果真要是这样的话，我们何不去尝试一下呢。即使前面有一些险阻，只要经受风雨的洗礼，品尝跋涉的磨炼，也未必不是一件好事。

品悟人生

勇于踏入那些别人未涉足的领域还有一个最大的好处就是没有竞争力，只要你能克服了这块领域的本身环境带来的冲击就基本上算是成功了，因为未涉足的领域没有别人设下的陷阱，也用不着担心别人乘虚而入，你可以优哉而踏实地做事，一直到你所做的事情成功。

敢于打破桎梏就会有希望

商汤曾在他使用的盘子上面刻着“苟日新、日日新、又日新”的字句。这句话的真正意义，是告诉我们，应该抱着日新又新的心理去观察每一件事情。如果能够确切实行，自己的思想也会愈变愈新。

比商汤稍晚的时代，希腊的哲学家赫拉克黎多士也说过：“万物都在流转，连太阳也不例外。今天的太阳已经不是昨天的太阳了。”

可见不论东方或西方的圣贤都在强调“日新又新”的观念，更何况我们身处在现代这种日新月异的时代。

美国实业家罗宾·维勒说过：“我成大事的秘诀很简单，那就是永远做一个不向现实妥协而刻意创新的叛逆者。”罗宾·维勒的言行是一致的。我们能从罗宾·维勒的身上看到创新思维对一个人成大事所起的作用有多么巨大。

当全美短帮皮靴成为一种流行时尚的时候，每个从事皮靴业的商家几乎都趋之若鹜地抢着制造短帮皮靴供应各个百货商店，他们认为赶着大潮流走要省力得多。

罗宾当时经营着一家小规模皮鞋工场，只有十几个雇工。

他深知自己的工场规模小，要挣到大笔的钱绝非易事。自己薄弱的资本、微小的规模，根本不足以和强大的同行相抗衡。罗宾如何在市场竞争中获得主动权，争取有利地位呢？他有两条路可以选择：

一是在皮鞋的用料上着眼。就是尽量提高鞋料成本，使自己工场的皮鞋在质量上胜人一筹。然而，这条道路在白热化的市场竞争中行走起来是很困难的，因为自己的产品本来就比别人少得多，成本自然就比别人高。如果再提高成本，那么获利有减无增。显然，这条道路是行不通的。

二是着手皮鞋款式改革，以新领先。罗宾认为这个方法比较妥当，只要自己能够翻出新花样、新款式，不断变换、不断创新，招招占人之先，就可以打开一条出路，如果自己创造设计的新款式为顾客所钟爱，那么利润就会接踵而至。

经过更深入的思考，罗宾决定走第二条道路。

他立即召开了一个皮鞋款式改革会议，要求工场的十几个工人各竭其能地设计新款式鞋样。

为了激发工人的创新积极性，罗宾规定了一个奖励办法：凡是所设计的新款鞋样被工场采用的设计者，可立即获得1000美元的奖金；所设计的鞋样通过改良可以被采用，设计者可获500美元奖金；即使设计的鞋样不能被采用，只要其设计别出心裁，均可获100美元奖金。

与此同时，他又设立了一个设计委员会，由5名熟练的造鞋工人任委员，每个委员每月额外支取100美元。

这样一来，这家罗宾的皮鞋工场，马上掀起了一股皮鞋款式设计热潮。不到一个月，设计委员会就收到40多种设计草样，采用了其中3种款式较别致的鞋样。罗宾立即召集全体大会，给这3名设计者颁发了奖金。

罗宾的皮鞋工场根据这3个新款式试行生产了。

第一次出品是每种新款式各制皮鞋1000双，立即将其送往各大城市推销。

顾客见到这些款式新颖的皮鞋，争相购买。

两星期后，罗宾的皮鞋工场收到2700多份数量庞大的订单。罗宾开始忙于出入各大百货公司经理室，跟他们签订合约。

因为订货的公司多了，罗宾的皮鞋工场逐渐扩大。3年后，罗宾已经拥有18间规模庞大的皮鞋工场。

皮鞋工场增多，做皮鞋的技工便供不应求。最令罗宾头疼的是别的皮鞋工场尽可能地把工资提高，挽留自己的工人，即便罗宾出重资，也难以把其他工场的工人拉出来。缺乏技术工人对罗宾来说是一道致命的难关。因为他接到了不少订单，如无法给买主及时供货，将意味着他得赔偿巨额的违约损失。

罗宾忧心忡忡。他召集18家皮鞋工场的工人又开了一次会议。他始终相信，集思广益可以解决一切棘手问题。

罗宾把没有工人可雇用的难题诉诸大家，要求大家各尽其力地寻找解决途径，并且重新宣布了以前那个动脑筋有奖的办法。

会场一片沉默，与会者都陷入思考之中，不遗余力地想办法。

过了一会儿，有一个小工举起右手请求发言。得到罗宾的嘉许后，他站起来怯生生地说："罗宾先生，我以为雇不到工人无关紧要，我们可用机器来制造皮鞋。"

罗宾还来不及表示意见，就有人嘲笑那个小工："孩子，用什么机器来造鞋呀？你是不是可以造一种这样的机器呢？"

那小工窘得满面通红，惴惴不安地坐了下去。

罗宾却走到他身边，请他站起来，然后挽着他的手走到主席台上，朗声说道："诸位，这孩子没有说错，虽然他还没有造出一种造皮鞋的机器，但他的想法非常好，大有用处，只要我们沿着这个思路想办法，问题一定会迎刃而解。我们永远不能安于现状，思维不要局限于一定的桎梏中，这才是我们永远能够不断创新的动力。现在，我宣布这个孩子可获得500美元的奖金。"

经过4个多月的研究和实验，罗宾的皮鞋工场的大量工作就被机器取代了。

罗宾·维勒的名字，在美国商业界，就如一盏耀眼的明灯，他之所以能成大事，与他时时保持锐意创新的精神是密不可分的。

做事有两种方法，一是创新，二是模仿。善于创新的人，总能在别人看不到机会的地方发现新的出路，找到起死回生的办法；模仿别人的人，即使机会能从天上掉下来，也常常是两手空空。

品悟人生

成功的人，往往在苦干的同时懂得巧干，他们让创新思维注入自己的大脑中，时时刻刻去想"金点子"，找"金点子"，做到人无我有、人有我新。

看准时机才能做出成绩

在生活中，到处都有时机问题。国际知名管理学家哈洛尔德·康茨和西里尔·奥登纳尔在其颇有影响的著作《管理学精华》中特别强调要认识机会是规划的真正出发点，只有认清机会，才能建立起现实主义的目标，提出可行性方案。

美国学者阿瑟·戈森曾问著名演员查尔斯·科伯恩："一个人如果要在生活中获得成功，需要的是什么？大脑？精力？还是教育？"

查尔斯摇摇头："这些东西都可以帮助你成功。但是我觉得有一件事甚至更为重要，那就是：看准时机。"

他解释说，演员在舞台上，是行动，或者按兵不动；是说话，或者缄默不语，都要看准时机。"在舞台上，每个演员都知道，把握时机是最重要的。我相信在生活中它是个关键。如果你掌握了审时度势的艺术，在你的婚姻、你的工作以及你与他人的关系上，就不必去追求幸福和成功，它们会自动找上门来的！"

这位老演员的话是人生的经验之谈。看准时机，学会审时度势是成功的关键。20世纪70年代初，美国加州技术学院的亚里夫教授，就预见到"把微激光器和晶体管做在一块基片上来调节、稳定和放大光脉冲"的新技术，将取代硅半导体技术乃至微激光技术。但当时却没有几个人能认识到这个问题，亚里只好一个人孤军奋战8年，终于研制成了世界上第一块激光晶体管集成电路。然而当时的美国工业界仍然没有人识货，而日本一位在加州技术学院攻读博士学位的光电技术研究项目专家，却看准这个天赐良机，大力促使日本在这方面投资，把这项创造性的成果很快转化为工业产品，并戏剧性地转为向美国出口，以至比美国工业界领先5年。阿瑟·戈森曾一针见血地指出："有多少生活中的不幸和坏运气，只不过是没有看准时机!”

时机往往是一瞬即逝的，有时甚至在人们意料之外出现。如果不具备敏锐的观察力，那就不可能有幸看准时机，抓住它。在希腊神话中，幸运女神福耳图娜的形象是一位站在车轮上的少女，蒙着双眼。这意味着她虽盲目，却不是隐形的；一个人如果肯锐意进取，留心观察，她就一定能看准“幸运”。

掌握好审时度势的艺术最基本的方面是要看准事物将会向何处发展。须知未来并不是一本合上了的书。大多数将要发生的事都是由现在正在发生的事所决定的，紧紧抓住现在这个好时机，采取行动，就会减少将来的麻烦，或在将来能得到好处。

美国第28任总统威尔逊曾说：“认为只有在时机到来时，才能做出正确选择人，在领导同代人的事业中是不会取得成就的。”在历史上，由于缺乏预见性，没有看准时机从而招致失败的事例是不胜枚举的。在日常生活中，我们要通过自觉的努力来设计今后的自己，预测未来的可能性并照此行动。

看准时机的要害是一个“准”字，过迟的行动会贻误时机，过早的行动则往往是欲速则不达。审时度势时犯有“急性病”和“慢性病”，都会影响看准时机，我们既不能犯“急性病”，也不能犯“慢性病”，不能从一个极端跳到另一个极端。

品悟人生

一个人能否成功，往往就看其是否善于抓住迎面而来的机会。善抓时机是非常重要的，这是夺得事业成功的必不可少的因素。能否抓住这样的时机，不但是创业者成败的关键，也是一个人一生事业成败的关键。

多向赢家请教，尽早“出头”

哈雷·戴森摩托车公司原是美国知名的摩托车制造商。可到了二十世纪六十年代末，价廉物美的日本本田摩托车充斥美国市场，哈雷公司摩托车的销售额一落千丈，很快发展到了濒临破产的境地。

为了拯救公司，哈雷公司向美国政府伸出援助之手，美国政府最终决定对进口摩托车征收高额关税，这就给哈雷公司提供了宝贵的喘息之机。

为了学习本田用来打败自己的科技，1982年，哈雷公司的高层管理者以访问的名义，来到日本本田摩托车设在美国俄亥俄州的工厂参观。当这些高层到了工厂后，他们看到的是：在本田偌大的工厂里看不到一台电脑，也没有机器人，更没有什么特别的作业系统，只有少量的纸上作业。那里除了30名职员领导着420名装配工人外，再没有别的了，但是，从这些员工的表情上来看，很显然他们对自己工作很满意。

“得人心者得天下”，哈雷公司的管理者们从中认清了问题所在。在之后的一年内，他们采用了最好的人事管理制度，比如对员工各方面情况尽可能多地了解，发现员工对工作有什么不满之处，及时给予必要的关心问候，以求努力帮助员工克服困难，解除纷扰等，这就使员工们的工作满意度大大提高，他们也开始展现出极大的团队精神，生产能力自然有所提高，并最终使哈雷公司得以脱胎换骨。

此外，在这次参观中，哈雷还发现一个值得向本田学习的地方：日本机车只有5%会在生产线末端被剔出，而哈雷却有五到六成，其中光坚固耐用却因小零件有问题而被剔出的就比日本机车的总退件率高出好几倍。这些零件之所以有问题，有时候是因为在仓库储存过久，等到送上生产线时已经生锈，有时只是规格上的小修正就使得零件变成废物。

为什么日本工厂就没有这样的问题呢？经过潜心研究之后，哈雷终于找到了原因：本田的零件生产是每天都生产，但是数量都不多，只是用于当日的安装就可以了。而哈雷是每年生产几次，每次出来的零件都是几个月用的，次品比较多。而且公司生产这些零件的成本都是贷款而来的，所以每年都会因为这些零件而付出数百万美元的利息。如果按照本田的做法，那么可以省下这笔数目很大的利息，还可以节省一些空间，如果发现不合格的零件，可以很容易更正，损失也不是很大。

问题找到了，哈雷公司就开始改变现状，很快，他们就利用了本田的库存管理系统，将其中的员工参与进模式和以统计数据为基础的管理制度中，结果很明显，哈雷公司在美国国内重型机车市场的占有率从23％倍增到46％，并且成为世界级的角逐者。

美国施乐公司的高级管理人员席尔克曾说过："多参观比较，你就更能接受其他公司比你强的事实。没有一家公司是万能的，但如果你学习了全世界所有公司最好的一面，那你也会变成最棒的公司。"

向赢家请教对自己的提升效果是十分惊人的。无论怎样，都要找到值得你学习的对象，以谦虚的态度向这些赢家学习。

品悟人生

永远不要断言你已经找到最好的老师，或是自以为出类拔萃。因为成功者就是不断向赢家请教，让自己不断地提升，从而获得了成功的能量。

换一种活法，你就会有盼头

世界在不同追求的人眼里有不同的色彩，生活在不同心态的人眼里具有不同的滋味。要改变原有的色彩，原有滋味，首先须从改变自己做起。

有个年轻人小时眼睛受了伤，他的父亲为了让孩子不致因此一生荒废，便让他学习画画。他果然爱上这门艺术，心里变得很充实。然而考大学时，父亲坚决不同意他上美术学校，说他还没有明白自己这一生想要做什么，最好还是先学点知识再作决定，于是他选择了外语。大学毕业后他去深圳的一家卖鞋子的公司做营销，他喜欢各种各样舒适的鞋子，工作做得非常出色，受到提拔和重用，也挣了不少钱。但他总是梦见作画，有一天他终于明白自己这一生还是想当个画家，于是他带着自己的所有积蓄就读了中央美术学院的进修班。这几年他一直一边教书一边画画，后来仍觉得教书这件事有太多的时间限制，不足以自由地画画，所以决定利用自己的所长做翻译工作，这样便可以自己决定时间的安排，为了尽量节省生活上的费用，也为了有一个好的绘画环境，他最后又决定带着妻子住到皖南的一个小山村里去。他认为这是一个三全其美的生活方案，绘画、生活和生计都配合得非常合适，生活过得平静快乐又意趣盎然。

故事中的这个年轻人有创造的才能，喜欢自由而不受约束地生活，无疑认真地工作会拿到一份不多不少的工资，但经由他聪明的安排，成功地使生活为自己的梦想服务。

在我们身边有多少人不愿放弃自己的美梦，直到老态龙钟，也不知道何去何从，几十年不曾惊醒，留下的是永久的伤痛。而说“活着没劲”就像说“不活也没劲”一样没意思。所以，与其消极地面对每一天，不如做个改变，换个活法。采用一种全新的方式去处事待人，你就会发现自己变得心情舒畅，让自己的所作所为都有所改观。

品悟人生

换了一种活法之后，你会感到如同脱胎换骨一样，格外轻松愉快，连呼吸的空气都无比新鲜，一片新天地就展现在你的面前，整个世界生机勃勃。